岩波科学ライブラリー 128

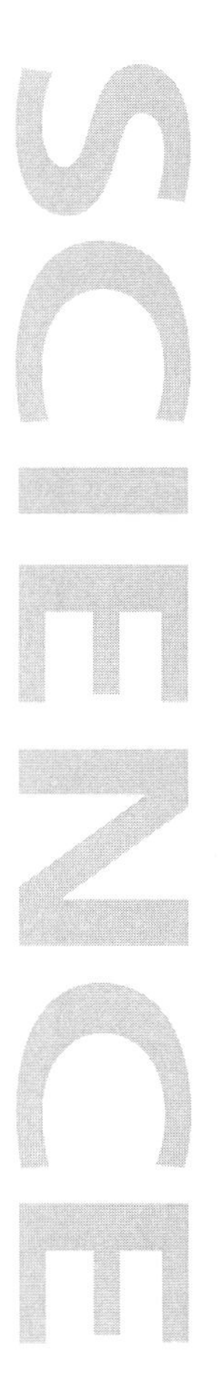

こんどこそ！
わかる数学

新井紀子

岩波書店

はじめに

私は大学の 1，2 年生を対象に毎年講義をしています．その授業の中で，好んでする質問があるのです．それは，次のような質問です．

問 1　有理数の例を 3 つ，無理数の例を 3 つ挙げてください．

有理数のほうの例は多彩です．2.5 や $\frac{1}{2}$，$\frac{1}{3}$，3.14 といった数が有理数の例として挙がります．一方，無理数の種類は非常に限られています．回答に現われる無理数の大多数が，$\sqrt{2}$ と π なのです．問題に「3 つ挙げなさい」と書いてあるのに，$\sqrt{2}$ と π しか書いていない答案もかなりみつかります．それでも，多くの学生が，この問題にはなんとか正しく答えることができます．

けれども，続く問 2 への回答は，様相が一変します．

問 2　ところで，そもそも有理数とは，なんですか？ その定義を教えてください．

問 2 への回答で一番多いのが，白紙です．次に多いのが「有理数とは，無理数ではない数」という答えです．

カリキュラム上は，小学校から分数に慣れ親しみ，中学・高校で「数とはなにか」の概念を獲得した上で学生たちは微積分の問題を解いているはずです．しかし現実には，「有理数とは何か」といった出発点さえあやふやなのです．このことを指摘すると，学生たちは，「そんなことは知らなくても，問題は解けるから別にかまわない」といいます．本当にそうでしょうか．

センセーショナルな宣伝文句や素敵なイメージにつられて買ってしまった商品に対して，「なんだかイメージとちがう」と思う経験は誰にもあるでしょう．自分が入っている保険がどんな保険であり何をカバーしてくれるのかを知らない，という人も少なくありません．例やイメージはあてにならないことも多いのです．

自己責任を過剰に求められる現代においては，選択の責任は個人に負わされることが今後も増えることはあれ，減ることはないでしょう．人生の成否を決める重大な決定を下す際に，「～とは，なんだろう」「その定義から出発すると何が起こるのだろう」というシミュレーションができないことは，大変危険なことです．

実は，「とは」から出発してシミュレーションをするという方法論を学ぶ「はずの」科目は，算数・数学なのです．教科書を読み比べてみると，それがよくわかります．算数・数学の教科書では，ほぼどの単元にも「～とは」という言い回しや，「～のことを……といいます」という定義が登場します．たとえば，中学1年生が最初に習う「正負の数」の単元には，実に10個以上の定義が出てきます．そのような科目は他に例がありません．そして，その定義を使って，論理的に問題を解く，つまり,「とは」の正しい使い方を学ぶのが算数・数学の授業なのです.

今, 日本で「大人」をしている人たちは, 小中学校あわせて1400時間の算数・数学の授業を経ています. なぜ, それほどの時間をかけて, 文系・理系にかかわらず学ぶのかというと, 当時の文部省(現文部科学省)の公式見解は,「日常の事象を数理的にとらえ, 筋道を立てて考え, 処理する能力と態度を育てる」ということになっています. つまりは, 論理的思考力と論理的表現力を育て, それを活用する態度を身につける, ということです. 論理は, 定義と推論と結論からできています. 論理の出発点が定義です. 定義をするときには,「とは」を使います. この「とは」から出発して,「ならば」「よって」と正しく論理推論をして結論を出せるような力を育てる, というのが算数・数学の大目標なのです.

ただし, どうもそれがうまくいっていない, というのは, 冒頭の問題への学生たちの反応が証しています.

なぜ, そんなことが起こるのでしょうか. それは, 生徒たちが, 定義にそって問題を解くのではなく, 例題を参考にして, それに似せて問題を解いているからです. つまり,「とは」から出発しているように見えるのは教科書だけで, 実際には, 生徒は「とは」を素通りしているのです.

なぜ, そんなことをするのでしょう. それは, そのように行動することが中学生にとってはもっとも効率がよいからです. 中学生にしてみれば, 論理的思考力をつけることより, 練習問題を正しく解き，定期試験で良い点をとり，さらには高校入試で失敗しないことのほうがよほど切実な問題でしょう．だとしたら，例題を見て同じように解くことに習熟したほうが圧倒的に有利です．

けれども，大人になって冷静に考えてみれば誰もが気づくはずです．例題を真似て練習問題を解くを繰り返すだけでは，処理能力はつくけれど，論理的思考力なんてつくわけがない，と．

では，どんな授業ならば，論理的思考力がつくのでしょう．

それは，私ひとりに答えることは到底できない大きな問題です．ただ，もし，明日から中学3年生に対して授業をすることになったとしたら，私はこんな問題を問いたい，という思いはあります．その思いを仮想授業として形にしたのがこの本です．

本書の内容は，「毎日中学生新聞」の土曜版に連載した「こんどこそ！ わかる数学」を基に，一般の読者を対象に加筆修正したものです．本書の執筆にあたっては，上野健爾さん，野崎昭弘さんらにご助言をいただきました．斎藤政彦さん，黒木哲徳さんには，第11章で扱った「牛乳パックの問題」をご紹介いただきました．ここにお礼を申し上げます．

加筆修正の際に，現在のカリキュラムではなく，1977年(昭和52年)の学習指導要領にさかのぼって内容を変更してあります．「あの頃，あの教室」にもどって授業に参加していただければ，著者冥利につきます．

2007年1月

新井紀子

目　次

人物イラスト＝あらいしづか

第1章　数学の国語辞典

小学校，そして中学校でいろいろなタイプの数を勉強してきました．ここに小学1年生の教科書があります．最初の単元は「10までのかず」です．

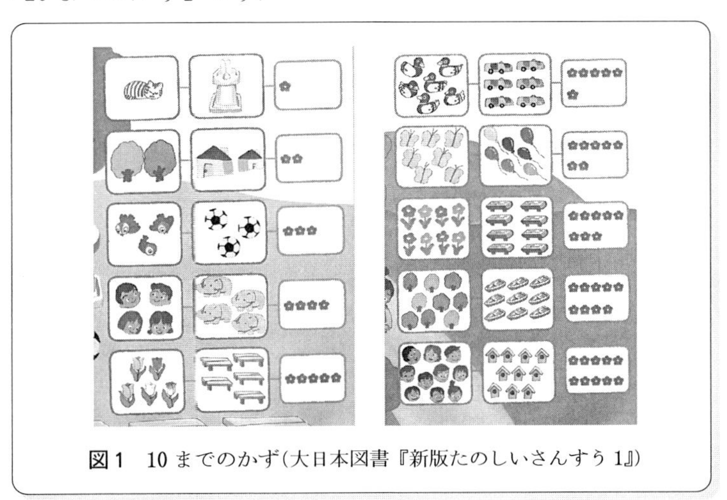

図1　10までのかず(大日本図書『新版たのしいさんすう1』)

「へぇ，こんな教科書使ってたんだぁ」

「いいなぁ，絵ばっかりの教科書で」

「まだ，字を習ってないからじゃない？」

これを見て，なんだかおかしい，とは思いませんか？

単元のタイトルを見てください.「10 までのかず」ですよ.

「だから，1，2，3，4，5，6，7，8，9，10 のイラストがついているんだよね」

「何もおかしくないよね」

では，たずね方を変えてみましょう.

> 以下の数字はどのような数か，正確に表現せよ.
> 1，2，3，4，5，6，7，8，9，10

「言い回しが高校の教科書っぽくなった.「せよ」なんて書いてあるし」

「あ，そうか，これは 10 以下の自然数だよ」

「1 以上 10 以下の整数とも言えるね」

そうなのです.「10 までの数」なんていう言い方は，本当は変なのです．−1 はどうするのか，5.5 も 10 までの数ではないのか，ということになってしまいますからね.

「それはへりくつだよ．1 年生にそんなこと言ってもわからないし」

ええ，もちろんそうです．1年生の教科書はこれでいいと思いますよ．でも，中学3年生には，この教科書を見たら，「ああ，本当は10以下の自然数だけど，1年生にはわからないから「10までの数」って言っているんだな」と，頭の片隅でちらっと考えてほしいのです．

「うーん，別にそんなのどうでもいい，っていう感じがするけど」

では，こんな問題はどうかな？

以下のうち，正しいものはどれか？（複数選択可）

1. 無理数と無理数をたすと，必ず無理数になる．
2. 有理数と無理数をたすと，必ず無理数になる．
3. 無理数と無理数をかけると，必ず無理数になる．
4. 有理数と無理数をかけると，必ず無理数になる．
5. 無理数の無理数乗が有理数になることがある．

「ああ，こういう問題苦手」

「僕もだめだった．計算せよ，みたいなのはけっこう得意なんだけどな」

「で，正解はどれなんですか？」

みんな，正解を知りたいですか？

「ええ，知りたいです」

それを知ってどうしますか？

「え？　ノートに書いておきます」

「覚えます」

でも，覚えたことはすぐに忘れてしまいますよね．

「……そうかもしれないけど……」

つまり，こういう問題が苦手になってしまうのは，答えを覚えようとするからなんです．重要なのは，こういう問題を聞かれたとき，答える方法を持っていることです．そのためにまず必要なことについて，今回は勉強することにしましょう．

では，まずたずねますけど，無理数ってなんですか？

「え……」

「$\sqrt{2}$ とか」

「円周率 π とか」

それは，無理数の例でしかありませんね．そうではなく，そもそも無理数とはなんですか？

「有理数ではない数，です」

では，有理数とはなんですか？

「無理数ではない数」

それでは，堂々巡りになってしまいますね．

さきほどの問題は，有理数とは何か，ということがわかっていなければ，取りかかりようがない問題なんです．

「言われてみれば，そうですね」

つまり，何が数か，そして，何が有理数か，そのことをくっきりとわかってないと，また，そういうことをくっきりわかろうという態度がないと，こういう問題には歯が立たないというわけです．

有理数とは何か．「**有理数とは，分数で表わすことができる数**」です．

「ああ，そうだったかもしれない」

いえいえ，そこで安心してはいけませんよ．次の問題がひかえていますからね．

> 分数の例を3つ挙げてみましょう．ところで，分数とはなんでしょう．数学的に正確に表現しなさい．

「$\frac{1}{2}$ とか $\frac{1}{3}$ とか $\frac{1}{4}$ とかは分数です」

「他にも $\frac{2}{5}$ とか $\frac{3}{7}$ も分数です」

じゃぁ，$\frac{5}{3}$はどうですか？

「$\frac{5}{3}$は仮分数です」

仮分数は分数かしら？

「そうだと思うけど……」

「え？ 分数に似てるけど本当は違うから「仮(かり)」の分数ということで，仮分数っていうんじゃないの？ 私はそう思ってた」

困りましたね.「分数とは何か」というところで，すでに意見が分かれてしまいました. 実は，仮分数も分数という集まり，これを**集合**といいますが，分数の集合に含まれています. もちろん，帯分数も分数の集合に含まれています.

ところで，2番目の問題はどうですか？ 分数とはなんでしょう.

「だから，$\frac{1}{2}$とか$\frac{5}{3}$のように分母と分子があって，その間を線で分けたもの」

ここで，分母と分子，という言葉が出てきました. ところで，分母と分子ってなんでしたっけ？

「分母は線の下に書く数のことで，分子は線の上に書く数のこと」

また，数という言葉が出てきました. このときの数ってなんでしたっけ？

「なんだか国語辞典みたい．ちっとも数学らしくない」

いえいえ，そんなことはありません．まずは出発点を確定する，それが数学の活動の中でもっとも大事なことのひとつです．この活動を**定義**といいます．

第2章　「定義」からはじめよう

前回,「定義」という言葉が登場しました．では，教科書のどの部分が定義に相当するのか，実際に教科書を開いてみてみることにしましょう．

> ＋8 や ＋4 のように 0 より大きい数を正の数といい，−2 や −3 のように 0 より小さい数を負の数といいます．0 は正の数でも負の数でもありません．（学校図書『中学校数学 1』より）

こうしてみると，算数や数学の教科書には「**といい**」がたくさん出てきますね．この「**といい**」の出てくる文章が，定義を表わしている部分，つまり数学の国語辞典の部分です．

では，分数に話題をもどします．分母と分子ってなんですか？

「分母は線の下に書く数のことで，分子は線の上に書く数のこと」

「このときの「数」とは整数のこと」

今の意見を数学的に形にすると，次のようになります．

分数とは，$\dfrac{m}{n}$(ただし，m と n は整数)の形をしたものである．

正しそうに見えますね．けれども，この定義は実は正しくないのです．どうしてだか，わかるかしら？

「うーん」

「あ！ n が0だと困るんじゃありませんか？」

はい，その通りです．分母が0であるような分数は考えないのでしたね．これは，中学校1年生の「逆数」のところの注意にそっと書いてあります．「数学では，3÷0，0÷0などの0でわる除法は考えません．」ほかにも，反比例のところにもこう書いてあります．「$y=\dfrac{6}{x}$ では，$x=0$ は除いて考えます」とね．

「うーん，そのときには注意していたんだけど．つい忘れてました」

問題は，そこです．

たぶん，数学がよくできる人というのは，分母が0になる分数は考えないこと，0でわる除法は考えないということ，反比例では $x=0$ での値は考えないこと，の3つがひとつの概念として頭に入っているんですね．なので，単元を超えて応用ができるのです．けれども，理由がわからないことをひとつずつ暗記していると，単元を超えての応用ができなくなるんです．

「うん，なんとなく，そんな気がする」

「応用ができるためには，何に注意すればいいんですか？」

それは，定義をしっかり理解することです．定義を覚えるのではありません．なぜこんな定義が出てきたのか，この定義でどんなことを表現したいのか，を読み解くんです．そして，「ああ，こういうことを表現したくて定義したのね」と納得して単元を終えるようにすれば，あとあと応用が利くようになるんです．

「でも，定義を読んでも，「はぁ？ 何のことやら」みたいなのがたくさんあるんですけど」

「たとえば，切片(せっぺん)なんて，何を目的に定義しているのか，さっぱりわかりません」

定義を読んだ瞬間に，その定義の意味を理解することはむずかしいですね．だから，例題を解くんです．例題を解く，というのは，その定義が作った世界の中をちょっと探検してみる，ということです．探検をするときに，「ああ，この世界はこうなっているのかぁ」と思いながら進んでください．そうすると，「ああ，切片というのは，この世界ではこういう意味を持っているのか，なるほど切片という言葉がないと，いろいろ説明できなくて不便だな」と思うでしょう．

では，話を続けましょう．分母に0を持ってきてはいけない，ということは，分数の正しい定義は次のようになりますね．

「分数とは，$\frac{m}{n}$(ただし，m は整数，n は0以外の整数)のことである．」

「質問があります！」

なんでしょう？

「$m=4$，$n=1$ のときを考えると，$\frac{4}{1}=4$ になって，分数ではなく自然数になってしまいます」

たしかにそうです．実は，高校以上の数学では，分数は仮分数や帯分数のほか，整数も含めて考えます．整数は分数のなかの特殊な形だと考えましょう．

そう考えると，分数は次のように定義してもいいことになります．

> 分数とは，$\frac{m}{n}$(ただし，m は整数，n は自然数)のことである．

これが，正しい分数の定義です．そして，分母や分子はそのあとに定義します．

> n を分数 $\frac{m}{n}$ の分母，m を分数 $\frac{m}{n}$ の分子という．

分母と分子があるのが分数なのではなくて，分数の形の一部を分母，分子とよぶんですね.

今までのことをまとめてみます.

有理数とは，$\dfrac{m}{n}$（ただし，m は整数，n は自然数）で表わすことができる数のことである．無理数とは，有理数ではないような数のことである．

これがわかって，初めて，$\sqrt{2}$ は無理数だろうか，円周率は有理数だろうか，ということを考えることが可能になるんですね．では，有理数，無理数にはそれぞれどんな性質があるのでしょうか．これからしばらくそのことについて考えてみることにしましょう．

第3章　ところで，数ってなんだっけ？

「前回の授業で，だんだん，数とは何か，というのがよくわからなくなってしまいました」

「数直線上にあるのが，数でしょう？」

「それはそうなんだけど，具体的に数ってなんなんだろう，っていうのがわからなくなったんだよ」

「だから，数直線の上には，整数とか，分数とか，小数とか，が並んでるっていうことじゃない」

小学校から習ってきた数を復習してみましょうか．どんな数があったかな？

「最初に習ったのは，1，2，3，4，5，… という自然数．正の整数ともいいます」

「中学に入って，負の整数を習いました」

「0 は正の整数でも負の整数でもないんだよね」

「それから，小数と分数も小学校で習った．分数には真分数と仮分数と帯分数があったよね」

では，前回定義しなかった数，小数について考えてみましょうか．小数ってなんでしたっけ？ まずは，小学校３年生にもどって「あのとき，どう習ったか」を調べてみることにしましょう．

> 0.1，0.7，2.6 のように表わした数を小数といいます．「.」を小数点といい，小数点のすぐ右の位を $\frac{1}{10}$ の位，または小数第一位といいます．（大日本図書『たのしい算数 3下』より）

これ，中学生になってから読むと，ちょっと変なのですが，わかりますか？

「まず，負の数は入れていませんよね．−3.5 とか」

「それに，全部小数第一位で終わってますね．3.14 は小数じゃない，と思う子はいなかったのかな？」

たった３つの例を挙げて，これが小数です，という定義はほんとうはおかしいですね．ただ，小数の定義はかなり複雑で，そのまま小学生に教えるのはむずかしいのです．小数は，整数部と小数部を小数点で区切ったもののことです．整数部は文字通り整数なのですが，問題は小数部です．そのことをまずは考えていくことにしましょう．

まずは，問題です．

> どんな小数でも分数になおすことができますか？ で

きる，という人は，その方法を教えてください．

「できますよ．12.03は$\dfrac{1203}{100}$になおせる，でしょ，それと同じようにやるんです」

同じように，とは？

「まず，分数になおしたい小数，この場合は12.03だけど，そこから小数点を取り除きます．そうすると，1203になります．これが分子です．それで，分母は10とか100とか1000とかにします．このとき，0の数を小数点以下の桁数と同じにすればOK．この場合は，小数第二位まであるから，分母は100」

なるほど．では，円周率を分数で表わすとどうなりますか？

「円周率は3.14だから，$\dfrac{314}{100}$です」

「ちがうよ．3.14は円周率の近似値（きんじち）(近い値)で，本当は3.1415926…って無限に続くんだよ」

「あ，そうか．でも，無限に続くのは小数なの？ そんなの小学校で習ってないような気がする」

はい，まったくその通りなんです．小中学校の教科書は，無限に続く小数にはなるべく触れないように書かれています．1箇所だけ，どうしても避けて通れないのが，「円周率は，

3.1415926… と無限に続くような数です」というところです．けれども，そこでは，円周率が小数なのかどうかは，ごまかしてあるんです．でないと，小数を習いたての小学生が混乱してしまいますからね．

ここまでで 2 つのことがわかりました．

(1)　有限で止まっている小数は，分数になおすことができる．

(2)　円周率は有限では止まらない．

では，円周率は，分数になおすことができるでしょうか．

「うーん，どうだろう．」

「有限で止まっているのだけが，分数になおすことができるんじゃない？」

それは，どうでしょう？

0.333… は有限で止まりません．けれども，$\frac{1}{3}$ になおすことができます．

この問題のヒントは，前々回の授業の中にあります．無理数の例として円周率が挙がっていましたよね．

「円周率は無理数，ということは，有理数ではない，っていうことだよな」

「有理数は分数で表わせる数，ということよね」

「だったら，円周率は分数では表わせないよ！」

そうなんです．円周率は分数で表わすことはできないのです．

円周率，3.1415… は数でしょうか？ もちろん，数ですね．ということは，有限で止まる小数や分数では表わせないような数がある，ということです．

「でも，3.1415… というように無限に続くことを許せば，表わせるわけですよね」

はい，そうです．すべての数を小数で表わそうと思ったら，小数部には有限の数の列だけでなくて，無限の数の列を許さなければ無理なのです．小数部が有限であるような小数を有限小数，無限になるような小数を無限小数とよぶことにしましょう．$\frac{1}{3}$ や円周率などは有限小数では表わせなくて，無限小数になってしまうんでしたね．

では，ここで，また問題．

分数で表わせるような小数にはどんな小数がありますか？

「えーっ，そんなこと聞かれても」

「有限小数のほかに，っていうことでしょ？」

「有限小数以外は……．うーん，0.333… 以外，思いつかない」

こういう質問が来たときには，逆に考えればよいのです．

分数を小数になおすと，どんな形になりますか？

「あ，そうか」

「この，「逆に考えればいい」っていうのが，思いつかないんだよな」

それはね，「～とはなんでしょう」「それはどういうことでしょう」を繰り返し考えるようにすると，必ず身につきますよ．新聞を読むときも，「ところで，首相ってなんだろう」「首相と総理は同じことだろうか」と考えてみるんです．

では，分数を小数になおすと，どんな形になるでしょう．5つくらい試してみましょう．

$$\frac{5}{3} = 1.666\cdots, \qquad \frac{8}{9} = 0.888\cdots, \qquad \frac{5}{11} = 0.454545\cdots$$

$$\frac{3}{13} = 0.2307692\cdots, \qquad \frac{5}{12} = 0.41666\cdots$$

どうでしょう．

「繰り返しが多いよね．666とか888とか4545とか」

「13でわったときだけ，繰り返さないみたい」

実は，$\frac{3}{13}=0.2307692\cdots$ の続きを調べると，こうなります．

$$\frac{3}{13} = 0.230769230769230769\cdots$$

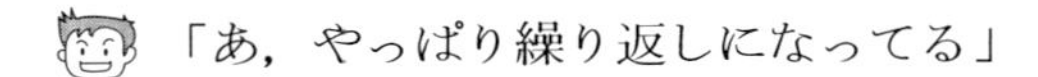
「あ，やっぱり繰り返しになってる」

実は，この5つの例だけでなく，分数を小数になおすと，有限小数になるか，繰り返しの無限小数になるかのどちらかだ，という性質があるのです．その仕組みを$\frac{5}{11}$を例にとって，解明してみましょう．

ところで，$\frac{5}{11}$はどうやって小数になおすんでしたっけ？

「5÷11を計算します」

では，筆算で計算をしてみてください．

```
     0.454
  11)5
     44
      60
      55
       50
       44
        6
```

このように，筆算に同じ余りが現われると，その後は同じことの繰り返しになってしまうのです．では，余りの種類はいくつあるでしょう？

「え？ 余りの種類…….それは，無限にいろんな種類があるんじゃないかなぁ」

とつぜん一般のケースを考えると，どこから考えればいいかわからなくなりますね．では，5÷11を例にとって考えてみてください．

「5÷11の筆算に出てきた余りは，6か5です」

余りに14なんていう数が出てくることはあり得るかな？

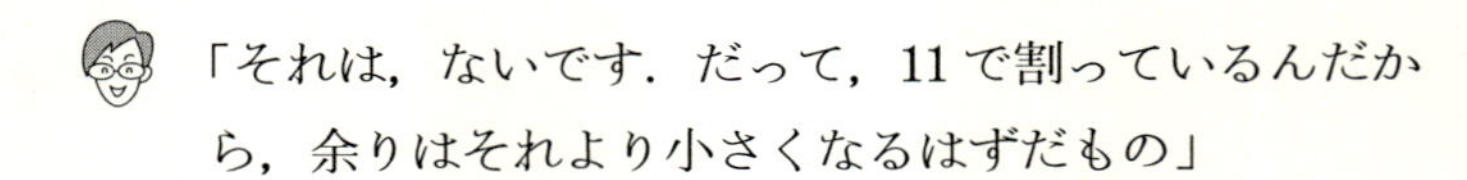

「それは，ないです．だって，11で割っているんだから，余りはそれより小さくなるはずだもの」

そうですね．ということは，余りのバリエーションは，分母の数未満しかない，ということになりますね．

「ああ，そうか！」

ということは，わり算の筆算をしていくうちに，必ず同じ余りが出てくるはず．そのあとは，循環してしまうんですね．

このように繰り返しが現われる無限小数のことを循環小数（じゅんかんしょうすう）とよびます．つまり，「分数を計算すると，有限小数か循環小数になる」ということがわかるのです．では，その逆はどうなるか，次回はそのことについて考えてみることにしましょう．

第4章　こんなかけ算できる？

今回はかけ算からスタートです．けれども，学校ではちょっと習わないタイプのかけ算です．

(1) 0.333…×0.777… はいくつになりますか？
工夫をして計算してみましょう．どのように工夫したか，答えと一緒に書いてください．

(2) 0.77…×0.55… はいくつになりますか？
工夫をして計算してみましょう．こんどは，どのように工夫をしましたか？

(3) 0.9898…×0.5959… はいくつになりますか？
工夫をして計算してみましょう．どのような工夫をしましたか？

0.333… や 45.3245245245… のように，小数点以下のある桁以降に同じ数の並びが無限に繰り返し現われる数を「循環小数」といいましたね．45.3245245… の場合，繰り返されるのは 245 の部分です．循環小数の中で，繰り返される数のまとまりの個数を循環の「周期」とよぶことにします．45.3245245… の周期は3です．0.9898… の周期は2です．

さて，答えはどうでしょう．

「これ，どうやって筆算するんだろう？」

「無限に筆算するわけにいかないし．第一，どこから計算をはじめていいのかわからない！」

小数のかけ算 $\Longrightarrow$ 筆算しなくちゃ！ そう思ってしまったんですね．もう少し頭をやわらかくして考えてみてください．ここに出てきた数はみんな循環小数です．

「ええと，循環小数は，分数になおせる，が前回の話の最後でしたよね」

「でも，0.777… がどんな分数になるか，なんて習わなかったじゃない！」

まずは，手がかりになりそうなところから，考えてみることにします．

0.333… は $\dfrac{1}{3}$ に等しいのでしたね．では，0.111… はどんな分数に等しいでしょう？

「0.111… は 0.333…÷3 に等しいんじゃない？」

ということは，

$$0.111\cdots = \frac{1}{3} \div 3 = \frac{1}{9}$$

ということになりますね．

では，これを基準に下の表を完成させてください．答えを書くときには，約分した結果を書きましょう．

$$0.111\cdots = \frac{1}{9}$$
$$0.222\cdots =$$
$$0.333\cdots = \frac{3}{9} = \frac{1}{3}$$
$$0.444\cdots =$$
$$0.555\cdots =$$
$$0.666\cdots =$$
$$0.777\cdots =$$
$$0.888\cdots =$$
$$0.999\cdots =$$

$0.777\cdots$ は $0.111\cdots$ の 7 倍です．ですから，

$$0.777\cdots = 0.111\cdots \times 7 = \frac{1}{9} \times 7 = \frac{7}{9}$$

ということになりますね．

「表の最後を計算すると変なことが起こります」

どのようなことでしょうか．

「$0.999\cdots = \frac{9}{9}$ なので，約分すると 1 になってしまうんです．これは変ですよね？」

実は，変ではないのです．

0.999… という循環小数は，みかけ上は１より少ないように見えますが，１に等しいのです．でないと，$\frac{9}{9}<1$ という変なことが起こってしまいます．$\frac{9}{9}=1$ であるためには，0.999…＝1 でないと困るのです．

さて，この表が完成すれば，最初の式は分数どうしのかけ算に書きなおすことができます．

$$0.333\cdots \times 0.777\cdots = \frac{1}{3} \times \frac{7}{9} = \frac{7}{27} = 0.259259\cdots$$

0.333…×0.777… は，分数で表わすと $\frac{7}{27}$ になり，小数で表わすと 0.259259… になることがわかりました．

「同じように２番目の式も計算すればいいんですね．0.77…×0.55… は分数にすると，$\frac{7}{9}\times\frac{5}{9}$ だから，$\frac{35}{81}$ かな？」

はい，そうです．これを小数になおすと，こんな風になります．

$$\frac{35}{81} = 0.4320987\cdots$$

「これは循環していないみたい……」

このわり算は１番目の問題と違ってなかなか循環しませんね．けれども，もう少し計算をすると循環することがわかります．

$$\frac{35}{81} = 0.432098765\ 432098765\ 432\cdots$$

「あ，ほんとうだ！」

周期が長い循環小数，たとえば，周期が100を超えるような循環小数を見て，循環しているかどうか，を判断するのは無理でしょう．コンピュータならば判断できるか，というと，コンピュータにもやはり限界があります．「有限」というと無限に比べてたいしたことがない，というイメージを持ってしまいがちですが，有限の数は無限にある，ということに注意しなければなりません．有限の周期で循環するか，しないか，というのは数学的には明確な違いです．けれども，実際には判断の基準としては使えないのですね．

では，最後の問題．0.9898… は残念ながら 0.111… の倍数ではありません．だったら，何を基準にして考えればいいでしょう？

0.9898… は 0.0101… の 98 倍

0.5959… は 0.0101… の 59 倍

になっていますね．ということは，0.0101… が何になるかわかればいいんですね．ところで，0.0101… とはどのくらいの大きさの数なんだろう？

「0.01 よりもほんのちょっと大きい数，かな？」

そうですね．0.01 は $\frac{1}{100}$ です．それよりも「ちょっと大きな数」だったら，$\frac{1}{100}$ よりも分母がちょっと小さいはずです．電卓を出して 0.0101… と同じになる分数を探してみましょう．

「$\frac{1}{99}$を計算すると，0.0101… になりました！」

そう．$\frac{1}{99}$がちょうど0.0101… と等しくなるんですね．ということは，

$$0.9898\cdots = \frac{98}{99} \qquad 0.5959\cdots = \frac{59}{99}$$

になるはずです．この二つをかけあわせれば，最後の問題に答えが出ますよ．

$$0.9898\cdots \times 0.5959\cdots = \frac{98}{99} \times \frac{59}{99} = \frac{5782}{9801}$$

では，ここで予想をしてみましょう．0.987987… はどんな分数になるでしょうか．考え方はもうわかりますね？

「0.987987… は 0.001001… の 987 倍です」
「そして，0.001001… は$\frac{1}{999}$ですね」

はい，その通り．

つまり，周期がnで繰り返し部分の数を自然数で表わしたものがmになる，という循環小数は，$9=10^1-1$，$99=10^2-1$，$999=10^3-1$，…，だから

$$\frac{m}{10^n-1}$$

を使えばうまく表わせそうですね．

「なるほど！ 循環小数 0.123123… は$\frac{123}{10^3-1}$だし，

$0.5432154321\cdots$ は $\dfrac{54321}{10^5-1}$ になる，ということですね」

「でも，$0.01212\cdots$ のように途中から循環が始まっていたらどうすればいいですか？」

$$0.01212\cdots = 0.1212\cdots \div 10$$

と表わすことができます．ですから，

$$0.01212\cdots = \frac{12}{10\times 99} = \frac{12}{990}$$

とすれば，OK ですね．

また，$0.71212\cdots$ のような循環小数は，次のように表わすことができます．

$$0.71212\cdots = 0.7 + 0.01212\cdots = \frac{7}{10} + \frac{12}{990}$$

今までわかったことをまとめてみましょう．

(1) 整数や有限小数は，
$\dfrac{m}{10^n}$ （m は整数，n は 0 以上の整数）という形で表わすことができる．

(2) 循環小数は，
$\dfrac{l}{10^k} + \dfrac{m}{10^k\times(10^n-1)}$ （k, l は 0 以上の整数，m は（0 以外の）整数，n は自然数）という形で表わすことができる．

(3) あらゆる有理数は，(1) か (2) の形で表わすことができる．

ここで，ちょっと不思議なことに気づくことでしょう．分数の分母には，さまざまな形があるのに，(1)と(2)に出てくる分母は，10のるい乗か，10のるい乗から1ひいた999…9という特別な形だけなのです．本当に，(1)と(2)だけで表現できるのか，ためしにひとつやってみましょう．

たとえば，$\frac{1}{13}$の分母は13です．10のるい乗でも，10のるい乗から1ひいたものでもありません．$\frac{1}{13}$を計算してみると，

$$\frac{1}{13} = 0.0769230769230\cdots$$

となります．これを改めて分数になおすと，次のようになります．

$$\frac{1}{13} = 0.0769230769230\cdots = \frac{76923}{999999} = \frac{76923}{10^6-1}$$

つまり，13に76923をかけると999999になるのです．同じように，$\frac{1}{15}$は$\frac{6}{90}$と表わすことができるので，15に6をかけると90になります．こう考えると，ふしぎなことがわかります．どんな数も，適当な数をかけると，99…9という並びに0をいくつかつけた数になるのです．

> nを任意の自然数とする．このとき，ある自然数m，i, jが存在して，次のことが成りたつ．
>
> $$n \times m = 10^i \times (10^j - 1)$$

第 5 章　背理法に挑戦

分数で表わすことができる数，有理数の性質について前回まで勉強しました．分数を計算すると，必ず有限小数か循環小数になります．一方，有理数ではない数を無理数といいます．さて，無理数にはどんな数がありましたか？

「円周率 π や $\sqrt{2}$ とか」

なぜ π や $\sqrt{2}$ は無理数だと思うの？

「だって，教科書にそう書いてあるもの」

たしかに π と $\sqrt{2}$ は教科書に一番ひんぱんに登場する無理数ですね．では，どうしてこの 2 つの数が無理数だと，昔の数学者は気づいたのでしょうか．

「いくら計算しても循環しないから」

前回もお話ししましたが，ある数が循環小数にならないことを，見た目で判断することはできません．現在，π は 1 兆桁以上計算され，たしかにその範囲では循環していません．ですが，その事実は π が無理数であることの証拠にはならないの

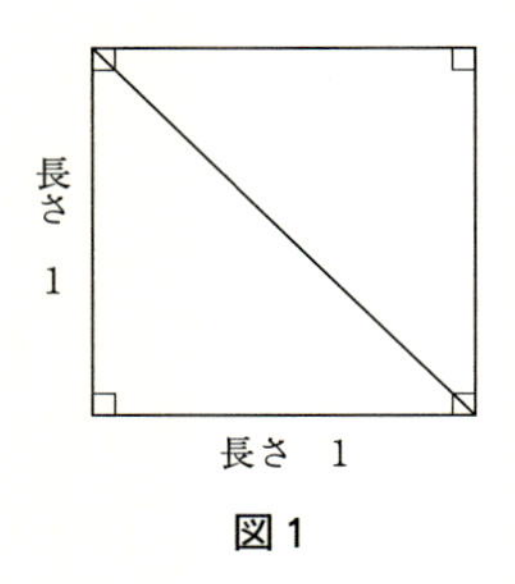

図 1

です.

「でも，π も $\sqrt{2}$ も無理数なんでしょう？」

はい，もちろんです.

「ということは，π や $\sqrt{2}$ が無理数であることを示す別の方法があるんですね」

では，今回はそのことについて考えてみることにしましょう．図 1 は 1×1 の正方形の対角線をひいたところです．この対角線の長さ，どれくらいになると思います？

「1.5 くらいかな？」

対角線の長さですから，一辺の長さよりは長い，つまり 1 よりは大きいですね．でも，二辺を足した長さ 2 よりは短いですね．この長さを求めるには，この対角線を一辺とする正方形をかいてみるとよいでしょう．

対角線を一辺とする正方形(図 2)の面積は，1 を一辺とする

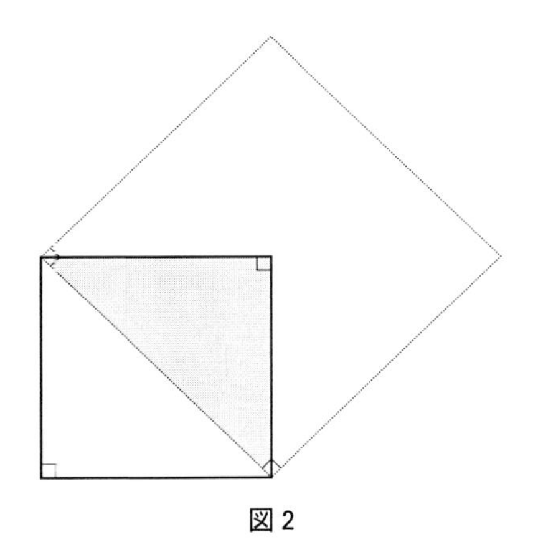

図2

正方形の面積の何倍の大きさになっていますか？

「一辺1の正方形の半分の直角二等辺三角形が，大きな正方形の中には4つある．だから2倍かな」

そう．大きな正方形の面積は小さい正方形の面積のちょうど2倍になっているのです．ということは，面積は2ですね．では，面積が2になる正方形の一辺の長さはいくつになるでしょう？1.5かな？

「1.5×1.5＝2.25．あ，おしい．ちょっと長すぎた」

「1.4×1.4＝1.96．今度はちょっと短い」

「あ，わかった！ 2つかけあわせるとちょうど2になる数は$\sqrt{2}$ですね」

その通りです．計算を続けると，$\sqrt{2}$が1.41421356…と，無限に続くことがわかります．しかし，この数，循環しないんです．線分として簡単に作図できるのに，無理数なんですね．

古代ギリシャの数学者は$\sqrt{2}$が有理数ではないことに気づき，大変ショックを受けました．だって，一番身近な図形である正方形の対角線の長さが分数，つまり整数どうしの比の形では表わすことができないんですから！ 最初にこの事実を発見した数学者は仲間によって海に放り込まれて殺されてしまった，という伝説まであるほどです．彼らにとって無理数は「絶対あってはいけない無理な数」だったのでしょうか．

一般に，2つかけあわせてちょうどaになるような(正の)数を，$\sqrt{}$(ルート)という記号を使って，$\sqrt{a}$と表わします．この記号は16世紀に考案された記号だそうです．

「2以外にどんな数がルートすると無理数になるのかな？」

$4=2\times2$ですから，$\sqrt{4}=2$です．$25=5\times5$ですから，$\sqrt{25}=5$です．このように，$m\times m$で表わされる自然数を「平方数」とよびます．実は，平方数以外の自然数をルートの中に入れると，いつでも無理数になってしまうのです．

では，$\sqrt{6}$を例に挙げて，これが無理数になることを古代ギリシャ人と同じ方法を使って証明してみることにしましょう．

$\sqrt{6}$が無理数ではなかったとしましょう．このとき，$\sqrt{6}$はどんな数ですか？

「有理数，でしょう？」
「分数で表わされるような数，です」

そうですね．ということは，$\sqrt{6}=\frac{m}{n}$ と表わすことができるでしょう．ただし，すでに約分は済んでいる，とします．両辺をまず2乗してルートを消してみることにします．それから，両辺に n^2 をかけてみましょう．

$$\sqrt{6}=\frac{m}{n} \longrightarrow 6=\frac{m^2}{n^2} \longrightarrow 6n^2=m^2$$

つまり，m^2 は6の倍数なんですね．ということは，3の倍数にもなるはずです．では，m 自身はどうでしょう？ 3の倍数でしょうか？

「m が3の倍数ならば，m^2 も3の倍数になります」
「もし m が3の倍数でないなら，m^2 は3の倍数になることはありません」

そうなのです．だから，m 自身が3の倍数にならなければいけないのです．もし m が3の倍数だとすると，m^2 は9の倍数になってしまいますね．さて $6n^2=m^2$ という等式が成りたっていますから，$6n^2$ も9の倍数だということになります．ならば $2n^2$ が3の倍数でなければこまります．2は3の倍数ではないので，n^2 が3の倍数だ，ということになります．すると，さきほどと同じ議論から，n 自身も3の倍数になっていなければなりません．

ということは，m も n も3の倍数だ，ということになります．これは，最初に決めた約束に違反するのです．どこに違反するかわかりますか？

「最初の約束って，「ただし，すでに約分は済んでいる，とします」のところですか？」

はい，そうです．m も n も3の倍数だ，とすると，「すでに(m と n の間では)約分が済んでいる」という約束に違反してしまうのです．ということは，最初の出発点である「$\sqrt{6}=\frac{m}{n}$ と表わすことができるでしょう」という部分が間違っている，ということになるのです．つまり，$\sqrt{6}$ は有理数ではない，ということになります．

このように，証明したいことが成りたたないとすると，結果として約束違反(矛盾)がみちびかれるとき，成りたたないとしたこと自体がまちがい，つまり成りたたないのではなく「成りたつとするのが正しい」ということがわかります．この証明法を「**背理法**」といいます．

他の数も，平方数でない限り，同じような議論を進めることができます．ですから，次のことがわかるのです．

> 定理　自然数 n が平方数でない限り，$\sqrt{n}$ は無理数になる．

このように数学では，定義から出発して，論理だけを使ってたどりついた事柄のうち，一般性のあるものを定理とよびます．

たとえば，$3+5=8$ も定義から出発して論理だけを使ってたどりついたことではありますが，定理とはよばないのですね．

さあ，これで有理数と無理数の性質がだいたいわかりました．力試しに，初回の問題を解いてみることにしましょう．

以下のうち，正しいものはどれか？（複数選択可）
1. 無理数と無理数をたすと，必ず無理数になる．
2. 無理数と有理数をたすと，必ず無理数になる．
3. 無理数と無理数をかけると，必ず無理数になる．
4. 有理数と無理数をかけると，必ず無理数になる．
5. 無理数の無理数乗が有理数になることがある．

「3. は間違っていると思うな．だって，$\sqrt{2}$ は無理数だけど，$\sqrt{2}\times\sqrt{2}$ は2で有理数だもん」

はい，その通りです．$\sqrt{2}\times\sqrt{2}=2$ が3．の主張の**反例**になっているのですね．同じように次のことが言えます．

「無理数÷無理数も無理数になるとは限りません．」

「$\sqrt{2}\div\sqrt{2}=1$ が反例になるから，ですね」

では，1. はどうかな？

「$\sqrt{2}+\sqrt{2}$ は $2\sqrt{2}$ よね．これは，無理数？」

はい，それは無理数です．なぜかわかる？

「背理法を使うのかな？　もしも，$2\sqrt{2}=\dfrac{m}{n}$ で表わせたとする．すると，$\sqrt{2}=\dfrac{m}{2n}$ となり，そうなると $\sqrt{2}$ が無理数であることに矛盾する．よって，$2\sqrt{2}$ は無理数である」

「わぁ，なんだか，いつもと違ってかっこいいじゃん！」

「「いつもと違って」は余計だろ」

まぁまぁもめないで．とってもうまい背理法の使い方でしたよ．$\sqrt{2}+\sqrt{2}=2\sqrt{2}$ は，1. があてはまる例でした．では，1. は本当に正しいかな？　こういう問題が出たときには，ちょっとひねくれて，極端な例を考えてみるといいですよ．まずは試してみる価値があるのが，負の数，そして，0 と 1．さぁ，どうかな．

「あ，わかった！　$\sqrt{2}+(-\sqrt{2})=0$ だから，1. は間違いね．」

はい，正解．では，4. はどうでしょう．

「$2\sqrt{2}$，$3\sqrt{2}$，$-5\sqrt{2}$，どれも無理数っぽいな」

「極端な例を考えるんでしたよね．あ！　わかった．$\sqrt{2}\times 0=0$ で有理数．だから 4. は不正解です」

「ということは，残る 2. と 5. が正解なの？」

はい．2. と 5. が正解です．では，まず 2. を証明してみましょう．有理数と無理数をたすと，どうして無理数になるのかな？

「うーん，どうしてだろう」
「また，背理法の出番かな？」
「最初に「無理数と有理数をたしたら有理数になる，と仮定する」って書くんですね」

残念！ それでは，少し不正確なのです．なぜなら

・無理数と有理数をたすと，無理数になる．

という主張の否定は

・たしあわせると有理数になるような無理数 a と有理数 b が**存在する**．

という文だからです．

「ふーん．では，最初に「無理数 a と有理数 b の和が有理数 c になると仮定する」と書けばいいですか？」

はい．それでOKです．

「$a+b=c$ なのね．だとすると，$a=c-b$ ね」
「あ！ わかった．c と b が有理数，つまり分数で表わせるなら，それの差 $(c-b)$ も分数で表わせるよ」

その通りです．これは，a が無理数である，という仮定に反します．よって，このような a, b, c の組は存在しないはずなのです．

「だから，無理数＋有理数＝無理数 が成りたつんだ」

では次に 5. について考えてみることにしましょう．

「無理数の無理数乗，ってたとえば $\sqrt{2}^{\sqrt{2}}$ みたいなもののこと？」

「でも，どうやって証明するんだろう」

これは，ちょっと不思議な証明になります．

$\sqrt{2}^{\sqrt{2}}$ という数を考えてみます．これが仮に有理数だったとしましょう．すると，「無理数の無理数乗が有理数になることがある例」になりますね．

「もし，$\sqrt{2}^{\sqrt{2}}$ が無理数だったら？」

そのときには，$(\sqrt{2}^{\sqrt{2}})^{\sqrt{2}}$ を考えます．ここで，指数法則，$(a^b)^c=a^{bc}$ を思い出してくださいね．すると，$(\sqrt{2}^{\sqrt{2}})^{\sqrt{2}}=(\sqrt{2})^2=2$ になりますから，これが，「無理数の無理数乗が有理数になる例」になるんです．

「でも，これでは，$\sqrt{2}^{\sqrt{2}}$ が結局，有理数なのか無理数なのか，よくわかりません」

そうですね．実は $\sqrt{2}^{\sqrt{2}}$ は無理数なのですが，これは比較的最近になってようやく証明されたことです．そして円周率 π の π 乗である π^{π} が有理数なのか無理数なのかは，未解決の問題なんです．数って，まだまだわからないことだらけなんですね．

第6章 「関係」をつかむ

前回までは，小学校から高校入学までに出会う，さまざまな数を分類して，それぞれの性質をまとめました．分数と小数の間の関係がずいぶんはっきりしてきたのではないでしょうか．

さて，中学校に入り，負の数の勉強が終わると，次に取り組むのが，文字式，そして一次方程式です．たとえば，$x+y=3$は，代表的な一次方程式です．一次方程式の話は，次に一次関数，さらに，連立一次方程式，二次方程式，二次関数，と展開していきます．

「うーん，大変そうだ……」

「一次，二次ときて，三次，四次，…，ずーっと数学を勉強しなければならないのね」

そうやって，ひとつひとつバラバラに考えると大変ですが，このお話は，たったひとつのことについて学んでいるんです．それは，「関係について」なんです．

「えっ？ 関係？」

中学校で比例や反比例を習いましたよね．バネの先におもりをつけると，バネはおもりの重さにつれて一定の割合で伸びます．その時，おもりの重さとバネの長さの間には比例の関係がある，といいます．他にもいろいろな関係が世の中にはあります．その中の基本中の基本が「一次」の関係なんです．

実は，中学校の数学の最大の目標は，「関係」がわかるようになること，そして，「関係」を式で表わせるようになること，なんです．

ところで，みなさんは関係という言葉を，どんな時に使いますか？

「お母さんには関係ないから，黙ってて，とか」

それではばくぜんとしているから，関係があるものを探してみましょうか．

「二酸化炭素の濃度と地球の温暖化には関係がある，とか……」

二酸化炭素の濃度が上がると，温室効果で地球の温度が上昇する，といわれていますね．このまま二酸化炭素濃度が増え続けた時，100 年後の地球の平均気温は 5.8 度上昇する，という予想をしている科学者グループもいます．

二酸化炭素の濃度が上がると，地球の温度が上昇する傾向がある，ということは過去のデータを見ればわかるでしょう．また，二酸化炭素が増えると，温室効果が起こるから，平均気温が上昇するというように温暖化の仕組みが科学的に解明されつつありますね．けれども，そこからどうやって「(このままいくと)100年後には平均気温が5.8度上昇する」という数字をだすことができるのでしょう．

さて，数字を出すためには，何が必要かな？

「コンピュータ？」

確かに，コンピュータがあれば計算時間を短縮することができます．けれども，過去のデータをコンピュータに入力しても，「100年後には平均気温が5.8度上昇します」という答えは出してくれません．なぜかというと，コンピュータは「このように計算しなさい」という命令を人間が与えないと，動いてはくれないからです．

では，コンピュータを使う人は，どうやってコンピュータに命令するのでしょう？

「うーん……」
「コンピュータプログラムで？」

コンピュータにはプログラムを入れないといけません．そして，このプログラムは，実はたくさんの式でできているのです．

式がなければ計算はできない，というのはみんなもコンピュータも同じなんですね．

では，科学者になった気分で，「どうやって式を立てるか」の手順を考えてみましょう．まずは「このままいくと100年後には……」の「このままいくと」という部分を式にしなければ，話は始まりません．

「「このまま」なんて式にならないんじゃないの？」

確かに「このまま」はあいまいな言葉だから，人によって受け止め方が違いますね．けれど「いろんな意見がある」では，予測はできません．予測をするには，何とかこの部分を式にしなければならないのです．たとえば「過去 10 年間と同じように石油などの消費が増加する」が「このまま」の意味だと考えたらどうでしょう．そうすれば「このままいくと」どれくらい二酸化炭素が増えるか計算する式を立てることができるでしょう．より正確に予想したい場合は「熱帯雨林が今のスピードで伐採されたとすると」というような他の要素も入れなければならないかもしれません．

一方，「トマトの値段が今年と同じだったら」というような内容を「このまま」に定めては，あまり意味がありませんね．なぜかというと，トマトの値段と二酸化炭素の量には関係がなさそうだからです．

このように，何を「このまま」として定めるのがよいかということを検討するのが，最初の研究課題になります．そうして，「今から x 年後」の「二酸化炭素の濃度 y」をまず予測するのです．次に一番むずかしいところですが，y によって「平均気温 z」がどうなるか，という関係を調べて式にします．そこまでいって初めて「（このままいくと）x 年後に平均気温は z になる」という式が立ち，計算にとりかかることができるのです．

それをコンピュータに計算させた結果，「(このままいくと100年後には)平均気温が5.8度上がる」という予測ができあがるわけです．

「でも，予測は外れることもありますよね」

予測が外れるのはどういうときだと思います？

「計算を間違えたとき？」

コンピュータが計算するので，計算自体が間違っているという可能性は低いですね．

「式を間違えていたとき？」

そう．ひとつには式そのものが間違っていた，という場合があります．式がほんのちょっとだけ違っていても，結果が大きくずれることはよくあります．それは，みなさんの数学のテストでも同じですね．

予測が外れるもうひとつは「このままいったら」という前提の部分が崩れる場合です．これは，間違いで予測が外れるのではなく，「このままいかなかった」ために外れるんですね．

「想定外，っていうことか……」

そうです．ただし，なるべく想定外のことが起こらないように，適切な前提を立てる努力は必要ですね．

「でも，式にならないような関係もあるんじゃないかな」

「そうそう，天気や地震の予測もなかなかできないし……」

確かに，式にするのが難しいこともたくさんありますね．関係があるのに式が立たない，と私たちが感じることは，だいたい2種類に分けられます．

ひとつは，とても複雑で混沌としていて，式がありそうに見えない時．そのせいで式が立たなくて，予測がなかなかできないものの例に，地震や株価などがあります．でも，過去を見てみましょう．ガリレオのピサの斜塔での実験の逸話でわかるように，昔の人は，高い所から物を落とすと，重いものほどはやく落ちると考えていました．その後，(空気抵抗がなければ)すべての物体は同じ速さで落ちることが解明され，t 秒後の速度は秒速約 $9.8t$ メートルになることがわかりました．さらに，羽根や紙のようなものを空気がある状態で落としたらどうなるかも計算できるようになりました．

つまり，「何がなんだかわからない」ように見えていたものが，「複雑だけど，きちんとルールがある」ように見えるようになることが科学なんですね．だからいつ起こるのか，どれくらいの規模なのか，予測が不可能に思える地震でさえも，科学の発達によって，予知できる，という存在になるかもしれません．

もうひとつ，関係があるのに式が立たないのは，関係をうまく表現できないためです．たとえば最初に出てきた「お母さんには関係ないでしょ」の関係などがそうです．「関係ある人」「関係のあること」の区別がきちんとできていれば，「誰が何に関係ある」かはっきりします．そうすれば，式にすることができます．けれども，お母さんに相談したい気分の時もあるし，口出しをしないでほしい時もある．気持ちが揺れ動いている場合には，関係の定義ができないので，式にはならないんですね．

では，次回から，いよいよ関係を把握して，式にする，ということを勉強していきたいと思います．

第7章　簡単な関係を式にしてみる

前回に引き続き，関係を式にする，ということを勉強していきましょう．前回お話しした「100年後の平均気温」を式にできたらかっこいいですが，一気にそこまでいくのはむずかしい．まずは，関係が明らかになっているもの，そして私たちでも式に表わせるものから考えてみることにしましょう．

まずは社会科の問題．たとえば，B新聞の購読料は1カ月3950円です．読者がx人いたら，月の売り上げはどうなるでしょう．

「これは，簡単．$y=3950x$ですね」

そうですね．関係を理解する上で一番大事なのが，「**xが1単位増えるごとに，yはどう変化するか**」を把握することです．この場合は，読者が1人増えるたびに，売り上げは3950円ずつ増えます．このように

$$y = ax$$

という式で関係が表わされるとき，yはxに**比例する**といいます．

$y=ax$という式で表わされる関係には，ふたつの大きな特徴

があります．ひとつ目は，

xが1単位増えたときのyの変化は一定

ということ．その変化を表わす数字がaです．ふたつ目は，

xの値が0のとき，yの値も0になる

ということです．実際，$y=ax$に$x=0$を代入すると，$y=0$になりますね．

さて，こんどは理科の中の比例関係を見てみましょう．

地球は太陽の周りを1年間かけて一周しています．これを公転といいます．地球が公転する速度は一定で，時速約10万7200キロメートルです．新幹線やジェット機などは比べ物にならない速さですね．時間xと地球が移動する距離yとの関係はどんな式で表わされるでしょうか．距離＝時速×時間ですから

$$y = 107200x$$

ですね．同じ速度で移動している物体の，時間と距離は比例の関係にあります．では，この式をもとに，地球が1年間旅する距離を求めてみましょう．それには，xに1年間に相当する時間を代入すればいいですね．4年に一度うるう年がありますから，1年間は約365.25日です．それを時間になおすと，24×365.25＝8766．この値をもとの式に代入して計算をすると……

$$y = 107200 \times 8766 = 939715200$$

約9億4000万キロメートルとなります．1年間で地球は9億4000万キロメートルも移動するんですね．こうして太陽の周りを一周するのですから，地球の軌道（1年間の移動距離）は約

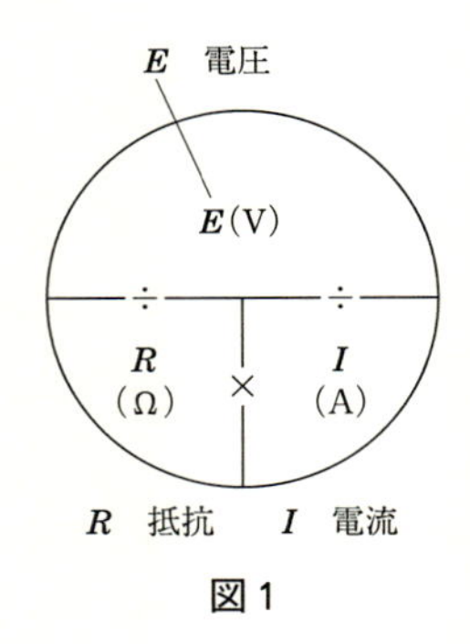

図 1

9 億 4000 万キロメートルだということになります.

このように関係の式がわかれば, 実際に計測するのは不可能であるようなもの, たとえば地球の軌道の値を調べることができるのです. それが関係を式で表わすことの威力(いりょく)なんですね.

前回の話に出てきたガリレオのピサの斜塔での実験では, 重い鉛の玉も軽いアルミニウムの玉も同じように落ちて, 同時に地面に着きます. 重さは落ちる速度には関係なく, どんなものでも落としてから 1 秒後には落下の速度は秒速 9.8 メートルになり, 2 秒後には秒速 19.6 メートルになります. つまり, 1 秒ごとに秒速 9.8 メートルずつ速度が上がるのです. x 秒後の秒速 y を式で表わすと, $y=9.8x$(m/秒)となります. これも, 比例の関係ですね.

次は苦手な人が多い, 電流と電圧の関係です. 図 1 は教科書の「オームの法則」のところに出てくる図です. これは

$$\text{電圧}\,E = \text{抵抗}\,R \times \text{電流}\,I$$

という式が成りたっていることを示しています. 抵抗 R が一

定のとき，電流と電圧は比例の関係にあります．たとえば，抵抗が 10 Ω(オーム)のとき，電流と電圧の関係は

$$E = 10 \times I$$

で表わすことができます．流れる電流を1単位増やすには，電圧を10単位増やさなければいけない，ということです．

「でも，オームの法則には電圧，抵抗，電流って3つの文字が出てきます」

そのうちの1つの値が一定だったときに，残りの2つの関係がどうなるかを表現するので，オームの法則は3つの関係式で表わされることが多いですね．まずは，今勉強した，抵抗を一定としたときの電圧と電流の関係，残りの2つは，電圧を一定にしたときの抵抗と電流の関係，そして，電流を一定にしたときの抵抗と電圧の関係です．どれも電圧＝抵抗×電流，という式をただ変形すれば出てくるので，基本の式をひとつ覚えれば残りは覚えなくてもいいのです．

たとえば，電圧が一定の値で a だったとしましょう．このとき，抵抗と電流の関係は次のように求めることができます．

$$\text{抵抗} \times \text{電流} = a \quad \text{（両辺を抵抗でわる）}$$
$$\text{電流} = \frac{a}{\text{抵抗}}$$

電流を y，抵抗を x とすると，この式は $y=\dfrac{a}{x}$ という形をしています．このとき，x と y は反比例の関係にある，といいます．**反比例の関係の特徴は，x と y をかけると一定の値にな**

る，ということです．

他にも，探してみると理科の教科書の中には，たくさんの比例や反比例を見つけることができます．つまり，比例と反比例がわかれば，数学だけでなく，理科も得意になっちゃう，というわけです．

第8章　一次関数を攻略しよう

前回は，関係の中のもっとも基本的な形，$y=ax$ という式で表わされる比例について勉強しました．比例には，

①x が1単位増えると，y は a だけ増える

②x の値が0のとき，y の値も0になる

という2つの特徴がありましたね．

また，$y=ax$ という式はとても単純な形をしていますが，理科に出てくるさまざまな現象がこの式で説明することができました．たとえば，抵抗が一定のとき，電流と電圧は比例の関係になります．

比例は $y=ax$ という式で表わせる関係でしたが，こんどは $y=ax+b$ という式で表わせる関係について考えてみましょう．このような式で x と y の関係を表わせるとき，**y は x の一次関数になる**，といいます．また，$ax+b$ という形の式を**一次式**といいます．また，ax^2+bx+c の形を二次式といいます．つまり，一次か二次かは x の何乗かで決まります．

この関係では，x が1単位増えるごとに，y はどれくらい増えるでしょう？ それはどうやって調べればいいかな？

「表やグラフを作って調べてみる」

そうですね．変化を調べるには表やグラフを作って調べるのがいちばん簡単な方法です．学校でもこの方法で調べることが多いですね．

もうひとつは，実際に x を 1 単位増やすとどうなるか，式で計算してみることです．

x が 1 単位増えると，$(x+1)$になります．代入して計算してみましょう．

「え？ 代入？」

「x のところに，$(x+1)$を代入してもいいんですか？」

ただし書きがない限り，x にはどんな数を代入してもかまいません．それは，100 や -2 のような決まった数だけでなく，変数や文字式を代入してもかまいません．

さあ，やってみましょう．

$$a(x+1)+b=ax+a+b=(ax+b)+a$$

結果は $ax+b$ よりも a だけ増えました．ということは，x が 1 単位増えると y は a 増える，ということになります．

関係がわかるようになる第一は「x が 1 単位増えるとどうなるか」をつかむことだ，といいました．それには，この代入のテクニックが使えるようになると便利です．x に数字を代入すれば，y の値を求めたり，式が正しいかをチェックしたりすることができます．今回のように文字式を代入すれば，y の式が

表1

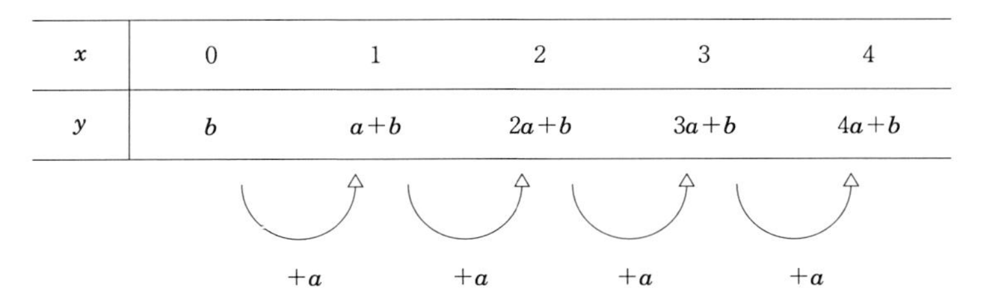

x	0	1	2	3	4
y	b	$a+b$	$2a+b$	$3a+b$	$4a+b$

どのように変化するかを調べることができます．「代入して確かめてみる」というテクニックが身につくと，関係を調べるのはとっても楽になります．

まだ代入だけでは不安，というみなさんのために，表1でも確かめてみましょう．

xが0から1に1単位増えたとき，yはa増えています．xが1から2に1単位増えたときも，yはa増えています．やはり，xが1単位増えるごとに，yはa増えていますね．

「なんだ，比例のときと同じですね」

そう！「xが1単位増えるとき，yは(毎回) aだけ増える」という点では，比例も一次関数も同じですね．ふたつを見比べてみます．

$y = ax$　　（比例）

$y = ax + b$　　（一次関数）

両方とも，ax という部分が同じです．ここから「x が1単位増えるとき，y は(毎回) a だけ増える」という性質が出てくるのですね．a のことを，一次関数 $y=ax+b$ の**傾き**とよびます．

では，比例と一次関数との違いはなんでしょう？

式を見比べてみると，一次関数の式には「$+b$」がついていますから，ここが違いになるはずですね．さて，「$+b$」がついてくると，どんな違いがうまれるかな？ x に0を代入して考えてみてね．

「$y=ax$ に0を代入すると，0になる．$y=ax+b$ に0を代入すると，b になる．これが違いかな？」

「でも，もしも b の値が0だったら，$y=ax$ と同じなんじゃないかな？」

どちらの意見も正解．一次関数の $x=0$ での値は b になります．さらに，一次関数のうち，$b=0$ という特殊な形のものを区別して比例とよんでいるのですね．比例は一次関数の一部なのです．b のことを，一次関数 $y=ax+b$ の**切片**(せっぺん)とよびます．

一次式で表わされるような関係にはどのようなものがあるでしょう．

2007年は平成でいうと平成19年．では，平成23年は西暦何年になるかな？

「平成23年は平成19年から4年後だから，2007＋4＝2011となって，2011年」

では，平成と西暦の関係を式で表わしてみて．平成を x，西暦を y として，y を x の式にするんですよ．

「平成から12ひいて，2000たす，って私は覚えてます」

その言葉をそのまま式にすると，

$$y = x - 12 + 2000$$

になりますね．整理すると，$y=x+1988$ になります．これが，平成と西暦の「関係」です．一次関数ですね．

では，もう少しむずかしい例に挑戦してみましょう．

ここにろうそくがあります．長さは20センチメートル．火をつけるとろうそくの長さはだんだん短くなります．測ってみると1分間で4センチメートル短くなることがわかりました．時間を x 分，ろうそくの長さを y センチメートルとして，この関係を式で表わしてみましょう．

「x が1単位増えるごとに，y がどれくらい変化するかが傾きだから，$a=4$ かな？」

いいえ．「x が1単位増えるごとに，y がどれくらい増えるか」が傾きです．でも，ろうそくの長さはだんだん減っていくのですから，符号を負にしなければいけません．だから，$a=-4$ になります．切片はどうかな？「$x=0$ のときの値」は何にすればいいかな？

「時間が0のときだから，最初のろうそくの長さじゃないかな．としたら，20センチメートル．$b=20$ですね！」

そう．では，まとめて式にしてみましょう．

$$y = -4x + 20$$

どうですか？ 一次関数のこと，少しはわかってきましたか？

第9章　グラフで表わしてみよう

小学校のとき，折れ線グラフや棒グラフを書いたことがあるでしょう？

たとえば，こんなグラフ(図1).

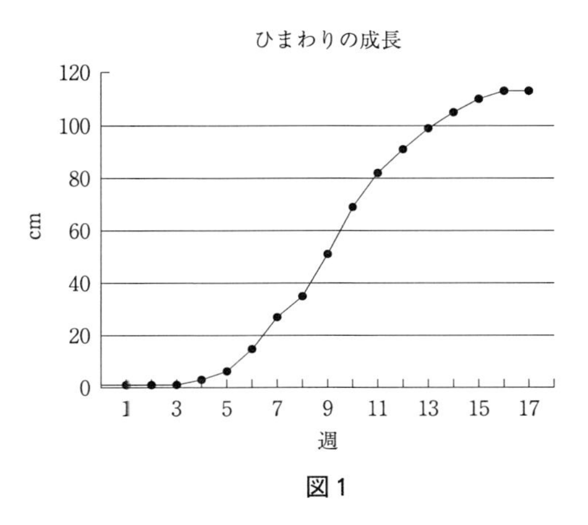

図1

これは，ひまわりの種をまいてから花が咲くまでの成長を線グラフにしたものです．横軸(x軸)に週を，縦軸(y軸)にはひまわりの高さをセンチメートルで表わしています．このグラフを見て，ひまわりの成長についてどんなことがわかるかな？

「最初はゆっくり成長して，それからぐんぐん伸びていったんだね」

「花が咲く前はもうほとんど成長していない．最後は110センチくらいかな？」

「最初はゆっくり，途中はぐんぐん，最後はまたゆっくり，ということですね」

そうですね．このグラフを書くための基になったデータは表1のような値でした．

表1　ひまわりの成長の記録

週	1	2	3	4	5	6	7	8	9	10	11	12	13	14	15	16	17
cm	0	0	1	3	7	15	27	35	51	69	82	91	99	105	110	113	113

「そうか．ひまわりは，113センチまで伸びたんだね」

表1のデータは正確な数字を読み取るのに便利です．一方，グラフは，全体的にどんな傾向があるのか，またxとyの関係を読み解くのに便利です．今回は，関係をグラフにする，というテクニックを勉強してみましょう．

まずは，基本．①$y=2x$のグラフを書いてみましょう．

「$x=0$のとき，$y=0$になるから，原点を通るんですよね」

「$x=1$のときは$y=2$，$x=2$のときは$y=4$になりますね」

まずは表を作ってそれをグラフにしてみましょうか．表を作るときに，xが王のケースだけでなく，負のケースも確認しておきましょう．

表2　$y=2x$の表

x	…	-3	-2	-1	0	1	2	3	…
y	…	-6	-4	-2	0	2	4	6	…

表2のデータを方眼紙の上に写します．それを直線で結ぶと，図2のような**原点を通る直線**のグラフになるはずです．これが$y=2x$のグラフです．

「点を直線でつないじゃっていいんですか？ もしかしたら$(0,0)$と$(1,2)$の間はくねくねしているかもしれないのに……」

するどい質問ですね．ところで，「グラフがくねくねしている」ってどういうことかな？

「だから，グラフが上がったり下がったり……」

$y=2x$の特徴は，xがどんな値でも，「xが1単位(1センチメートル，1ミリメートル，1ミクロンなど)増えるとき，yは2単位(2センチメートル，2ミリメートル，2ミクロンなど)増える」ということでした．つまり，増え方がいつも同じ，ということね．

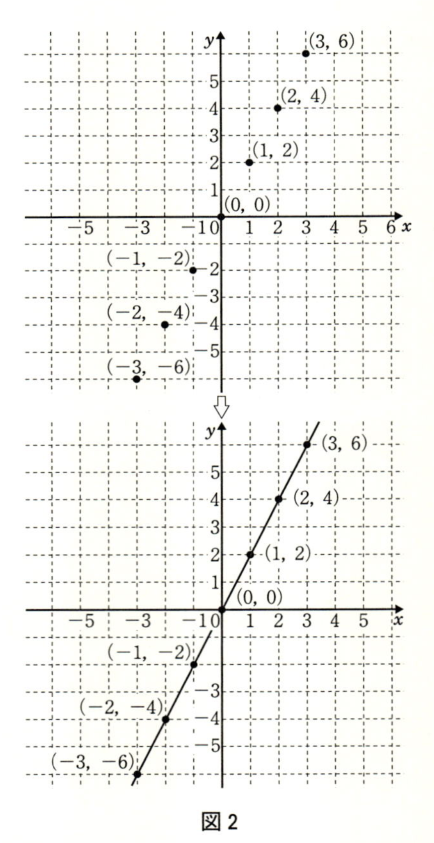

図 2

「そうかぁ．だとしたら，グラフは直線になるしかない，ですね」

「え？ どういうこと？」

こういうところが，案外，数学ができるかどうかの分かれ目になるので，注意して進みましょう．まずは「直線でなかったらどうなっているか」を考えます．

①点線になっている(途中で切れている)

②曲線になっている

③尖っている

の3種類の可能性を考えることができたかな？ それから，それぞれのケースについて「xがどんな値でも，xが1単位増えるとき，yは2単位増える」という性質と反しないかどうか，チェックしてみましょう．すると，「ああ，直線以外はありえないな」という結論に達するはずです．言いかえると，$y=2x$という直線のグラフは，$y=2x$という関係をみたすような点(x, y)が無数に集まって直線に見えているのです．「一次関数ならば直線のグラフになる」と暗記して済ませちゃった人は，ぜひ一度考えてみてくださいね．

原点を通る直線のグラフ，それが$y=ax$で表わされる「比例」のグラフの特徴です．では，一次関数のグラフはどうなるかな？ ②$y=2x+3$と③$y=2x-1$を同じ方眼紙の上に書いて比べてみましょう(図3)．

どんなことがわかるかな？

「平行な直線になってます」

そうですね．平行になる，ということは，3つとも「傾き方」が同じ，ということですよね．$y=ax+b$のグラフの傾き方を決めるのは，aです．だからaのことを，$y=ax+b$の傾き，

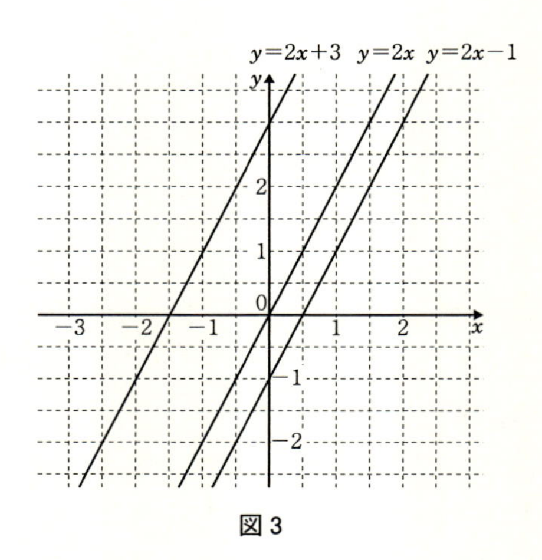

図 3

というんですね．傾き方が同じですから，$y=2x$ のグラフを上下に移動させれば，$y=2x+3$ や $y=2x-1$ のグラフになります．どれだけ移動させればいいのかな？

「$y=2x+3$ にするには，上に 3 移動すればいいみたい」

「$y=2x-1$ にするには，下に 1 移動させればいいんだよね」

はい，正解．切片をみれば，どれだけ移動させればいいかがわかるんですね．

では，$y=4x+3$ のグラフは $y=2x+3$ のグラフと比べるとどうでしょう？ 表を書く前にまずは予想をしてみましょう．

「切片は両方とも3ですね」
「違うのは傾き，だから傾きかたが違うんだよね」
「2よりも4の方が大きいから，傾きかたが大きいんじゃないの？」

2つのグラフを重ねて書いてみましょう(図4).

確かに，両方とも点(0, 3)を通ります．そして，$y=2x+3$ よりも $y=4x+3$ の方が，傾きかたが大きいですね．なぜでしょう．$y=2x+3$ では，x が1単位増えるごとに y は2単位増えるのに，$y=4x+3$ では x が1単位増えるごとに y は4単位増えるからですね．

「傾きが大きいとき，傾きかたも大きいんですね」

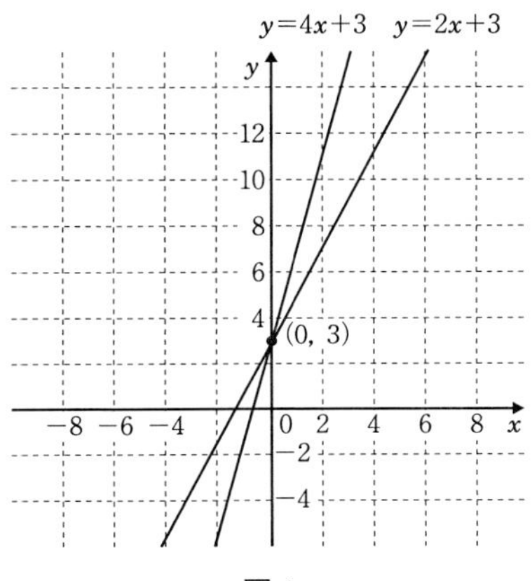

図4

「数学の用語にも意味がこめられているんだね」

では，どんなグラフが $y=2x+3$ よりも傾きかたが小さくなるでしょう？

「やっぱり，2 よりも傾きが小さなもの，じゃないかな．たとえば，$y=\frac{1}{2}x+3$ とか」

そうですね．もっと傾きを小さくするとどうなるかしら？

「傾きを 0 にすると，$y=3$ になってしまいますよね．そのときグラフはどうなるんですか？」

$y=3$ というのは，x には無関係にいつでも y の値は 3 になる，ということですから，点 $(0, 3)$ や点 $(1, 3)$ を通る直線になります．x 軸に平行な直線ですね．では，それよりも傾きが小さくなったらどうでしょう？

「x が 1 単位増えるときに y は減る，ということだから，右下がりになるんじゃないですか？」

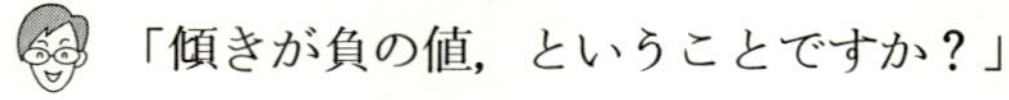

「傾きが負の値，ということですか？」

はい，正解．

ね，こうやって定義の意味がわかると，暗記をしなくても大丈夫でしょう．

では，$y=-2x+3$ のグラフを $y=2x+3$ のグラフと比べてみましょう（図 5）．

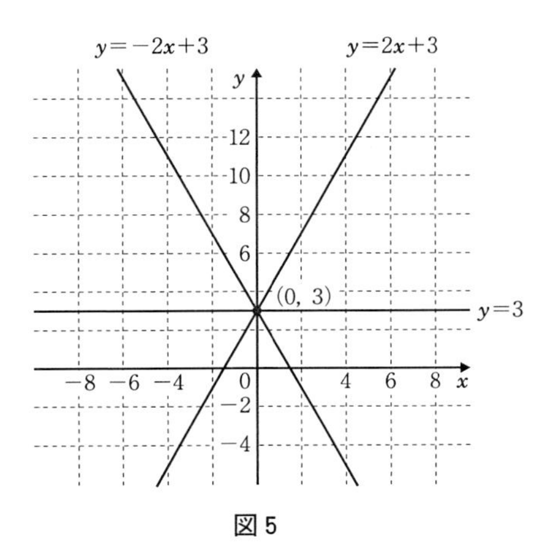

図5

$y=3$ で折り返すと，2つのグラフはちょうど重なりますね．

ここまで勉強をしたことをまとめておきましょう．ポイントは $x=0$ のときの y の値をチェックする，そして，x が1単位増えたら y がどうなるかを考える，ということです．

1. $y=ax$ は原点を通る直線のグラフになる．
2. $y=ax+b$ は，点 $(0, b)$ を通る直線のグラフになる．
3. $y=ax$ と $y=ax+b$ のグラフは平行になる．
4. $y=ax+b$ は $a>0$ のとき右上がりの直線になり，$a<0$ のとき右下がりの直線になる．$a=0$ のとき，x 軸に平行な直線になる．

どうかな，関数のこと，ちょっとわかりましたか？

第10章　逆関数とはどんな関数？

前回，「$y=2x$ のグラフは，$y=2x$ という関係をみたすような点(x, y)の集まりだ」というお話をしました．

いっぽう，関数には，「x の値を入力としてひとつ決めると，出力である y の値がひとつ決まる」という「入力と出力」の関係を表わす，という側面があります．

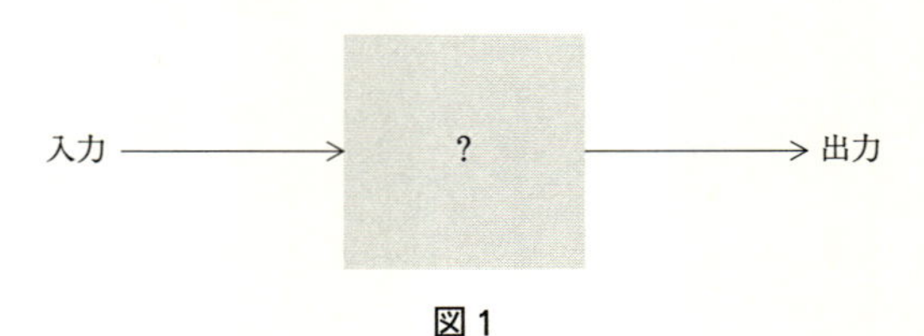

図1

図1をみてください．中央に箱がありますね．この箱には「この箱に入ってきたものを，ある法則によって変化させてから出す」という性質があります．箱に入れるものを「入力」，出てくるものを「出力」といいます．関数は，このような箱のことだと考えることもできるのです．

たとえば，この箱に「入れたものは何でも2倍の大きさにする」という性質があったとしましょう．すると，うさぎも，コーヒーカップも，人も，この箱に入力すると，2倍の大きさになって出力されますね．

「入力するものが数でなくても，関数なの？」

はい，そうです．「関数」とよんでいますが，入力する対象は，実は数である必要はないのです．ただし，いちばん身近な関数は，数の上で定義された関数ですから，その話にもどりましょう．

入力に数を入れると，「−2 倍してから 4 をたす」という法則にしたがって入力を変化させて出力する箱について考えてみます．この関数を式にして表わすことはできるかな？

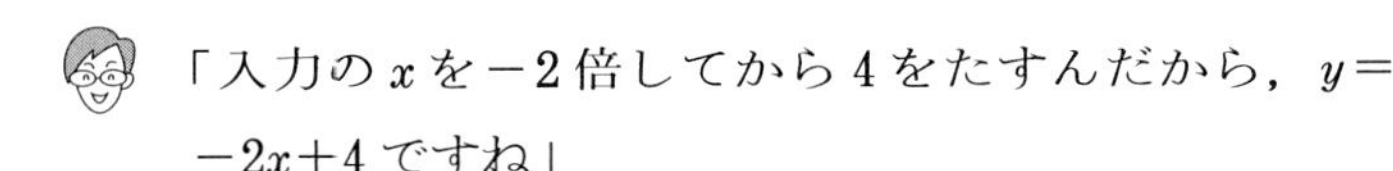

「入力の x を -2 倍してから 4 をたすんだから，$y=-2x+4$ ですね」

その通りです．ここに $y=-2x+4$ のグラフがあります．

図 2 のグラフ上の 3 点，$(0,4)$，$(1,2)$，$(2,0)$ はそれぞれ，$y=-2x+4$ という式をみたすような x と y のペアです．いっぽう，これは，入力 x と出力 y との間の関係も表わしているのです．ところで，私がこの 3 つのペアをどうやって探してきたか，わかりますか？

「$y=-2x+4$ という式の x のところに 0，1，2 を代入したんでしょう？」

はい，その通りです．x に値を入れて，y を求めたのです．では，逆はどうでしょう．たとえば，$y=-2$ になるような x の

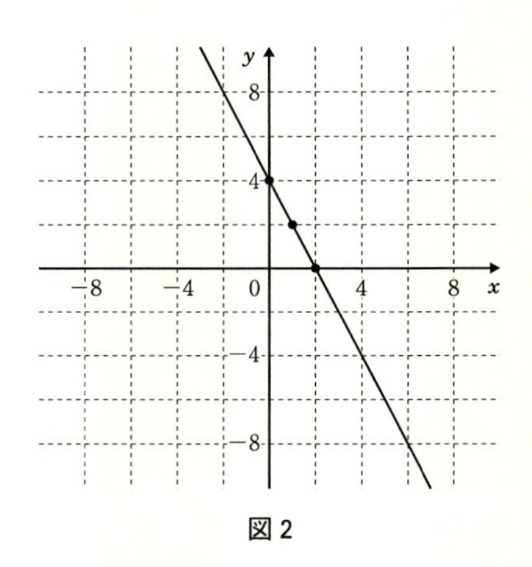

図 2

値を見つけることはできますか？

「y に -2 を代入してから，式を解けばいいんじゃないかな？」

$y=-2x+4$ の y に -2 を代入した式を変形して解くのですね．このとき，「両辺に同じ数をたしたり（ひいたり），両辺に同じ数をかけたり（割ったり）しても，等式がそのまま成りたつ」という性質を使えばいいですね．

では，やってみましょう．

$$-2x+4=-2 \quad \text{（両辺に -1 をかける）}$$
$$2x-4=2 \quad \text{（両辺に 4 をたす）}$$
$$2x=6 \quad \text{（両辺を 2 で割る）}$$
$$x=3$$

答えは $x=3$ でした．$y=-2x+4$ のグラフは $(3, -2)$ という点を通るんですね．では，y の値がもっとたくさんある場合はどうすればいいでしょう．ひとつひとつ式を解いていたら大変ですね．ならば，あらかじめ，次のように $y=-2x+4$ を変形しておくと便利です．

$$y=-2x+4 \qquad \text{（両辺に }-1\text{ をかける）}$$
$$-y=2x-4 \qquad \text{（両辺に 4 をたす）}$$
$$-y+4=2x \qquad \text{（両辺を 2 で割る）}$$
$$-\frac{1}{2}y+2=x \qquad \text{（両辺を入れ替える）}$$
$$x=-\frac{1}{2}y+2$$

こうしておけば，y に値を入れれば，x を求めることができます．

「同じ関係を表わす式なのに，こういう形にすると，y から x を求める式，っていう感じがしますね」

$x=-\dfrac{1}{2}y+2$ の x と y の位置を入れ替えた式，$y=-\dfrac{1}{2}x+2$ を $y=-2x+4$ の**逆関数**といいます．

「逆関数？」

さきほどの箱の図で考えてみましょう（図 3）．

関数の箱には，あらかじめ定められた法則にしたがって入力を変化させて出力する，という性質があります．その法則さえ知っていれば，入力の値から，出力が何になるかを事前に知ることができますね．

では，逆はどうでしょう．出力の値から，入力がどのような

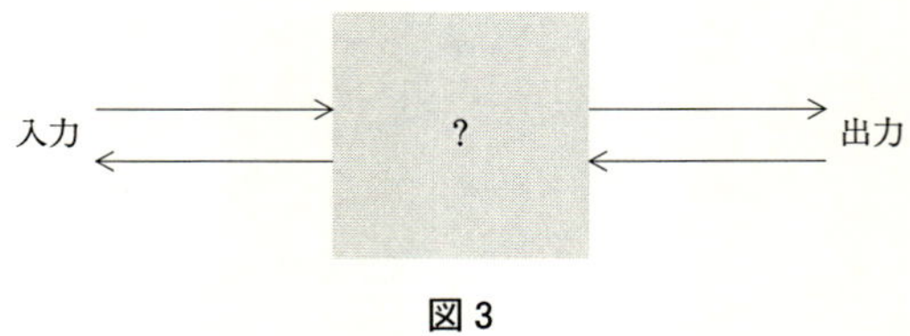

図 3

値だったかを知ることはできるでしょうか．

「その法則が $y=-2x+4$ だとしたら，出力の y に値を入れて解けば，入力がわかるよ」

「逆関数である $y=-\frac{1}{2}x+2$ の x に出力の値を入れて計算しても入力を求めることができますね」

そうです．逆関数を使えば，出力から入力を求めることができるんですね．このように出力から入力を求めたり推定したりすることを数学では「**逆問題**」とよびます．そして，入力から出力を求めることを「**順問題**」とよぶのです．

「ふーん，逆問題って，どんなところに出てくるの？あんまり出番がなさそうだけど……」

実は，私たちの生活の中で出てくる問題の多くが順問題ではなくて，逆問題なのです．たとえば，地震の震源地の推定を考えてみましょう．私たちには，震源となる部分を直接観察することはできませんね．私たちにわかるのは，各地で観測された震度などのデータです．これが地震の「出力」となります．この出力から，逆算して入力である震源地の位置と地震の規模を推定するわけです．ほかにも，出力を観察することはできるけれど，入力を直接見ることができないものは，脳の中から宇宙までたくさんありますよね．

「そう考えると，科学の問題は逆だらけだね」

そうなのです．そして，逆を考える上でもっとも基本になるのが逆関数の考え方です．

では，実際にいくつか逆関数を求めてみましょう．

> 次の一次関数の逆関数を求めなさい．
> (1) $y=3x-1$
> (2) $y=\frac{2}{5}x+6$

「さっきと同じようにやればいいんですね？」

はい，そうです．まずは(1)を解いてみましょう．

$$y = 3x-1 \qquad \text{（両辺に 1 をたす）}$$

$$y + 1 = 3x \qquad \text{（両辺を 3 で割る）}$$

$$\frac{1}{3}y + \frac{1}{3} = x \qquad \text{（}x\text{ と }y\text{ の位置を入れ替える）}$$

よって，逆関数は $y=\frac{1}{3}x+\frac{1}{3}$ となります．

(2) はどうでしょう．

$$y = \frac{2}{5}x + 6 \qquad \text{（両辺から 6 をひく）}$$

$$y - 6 = \frac{2}{5}x \qquad \text{（両辺に }\frac{5}{2}\text{ をかける）}$$

$$\frac{5}{2}y - 15 = x \qquad \text{（}x\text{ と }y\text{ の位置を入れ替える）}$$

よって，逆関数は $y=\frac{5}{2}x-15$ です．

では，元の関数とその逆関数を並べて書いてみます．何か気がつくことはないかな？

$$y = -2x + 4 \quad と \quad y = -\frac{1}{2}x + 2$$

$$y = 3x - 1 \quad と \quad y = \frac{1}{3}x + \frac{1}{3}$$

$$y = \frac{2}{5}x + 6 \quad と \quad y = \frac{5}{2}x - 15$$

「うーん，なんだろう……」

「あ，わかった！ 傾きが逆数になっています」

そうなのです．$y=ax+b$ という形の一次関数の逆関数は，$y=\frac{1}{a}x+c$ という形になるのです．

「じゃあ，$a=0$ のときはどうなりますか？ 0の逆数は考えない，という決まりになっているのですよね？」

はい，そうです．$y=b$ という形の一次関数には逆関数はありません．なぜ $y=b$ には逆関数がないのでしょう．例として，$y=3$ のグラフを書いてみることにしましょう(図4)．

$y=3$ という関数では，「入力 x の値によらずに常に出力は3」です．だとすると，出力が3である，ということから x の値を求めることはできません．だから，$y=3$ の逆関数は存在しないのです．

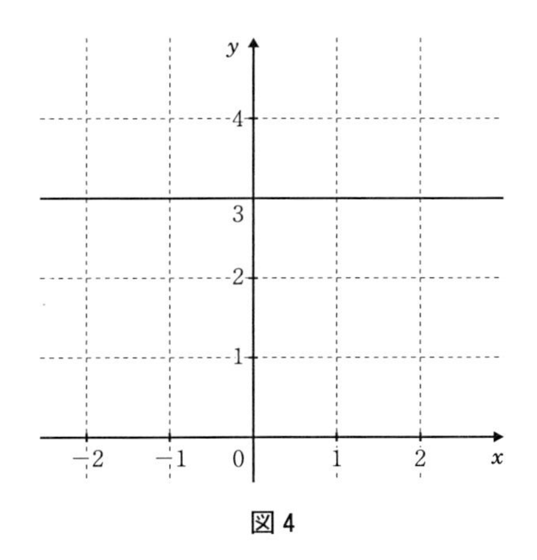

図 4

「関数が $y=b$ という形のときだけ，逆関数がないのね」

一次関数ではそうですが，広い意味での関数では，逆関数がないものがたくさんあります．二次関数 $y=x^2$ もその例です．$y=x^2$ の出力が 4 だったとしましょう．このとき，入力 x の値はなんでしょう．

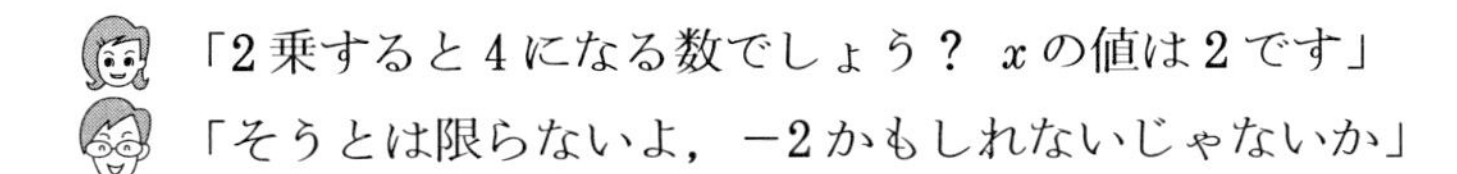

「2 乗すると 4 になる数でしょう？ x の値は 2 です」

「そうとは限らないよ，−2 かもしれないじゃないか」

そうなのです．$x^2=4$ をみたす x には，2 と −2，という 2 つの可能性があります．ということは，出力から入力を完全に決定することはできませんね．

グラフで確認すると，もっとよくわかりますよ（図 5）．

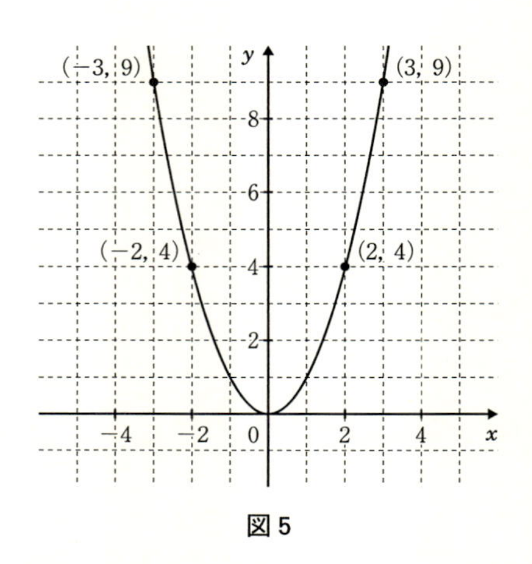

図 5

「$y=x^2$ では，同じ高さにある点がいつも 2 つずつあるね」

そうです．$y>0$ のとき，必ず $y=x^2$ をみたす x が 2 つ存在します．ですから x の範囲を決めない限り逆関数はないのです．

さきほどの箱のモデルでも考えてみましょう．どんな入力も 2 倍の大きさにして出力するような魔法の箱には，逆関数があります．それは，「どんな入力も半分の大きさにして出力する」ような関数です．では，「どんな入力もカエルに変化させるような魔法の箱」の場合はどうでしょう．うさぎも鉛筆も人も，入力すればすべて同じカエルとして出力されてしまいます．そのとき，出力のカエルを見ても，入力がうさぎだったのか，鉛筆だったのか，人だったのか，判断することはできませんね．このような場合は，逆関数は存在しないのです．

ところで，関数とその逆関数のグラフの間には，どのような関係があるのでしょう(図6).

$y=x$ を折り山にして，方眼紙を折りたたんでみましょう．どうなりましたか？

「あ，ぴったり重なりました！」

そうなのです．関数とその逆関数のグラフは，$y=x$ を軸として**対称**の位置にあるのです．

「なぜですか？」

$y=-2x+4$ を例に考えてみましょう．$y=-2x+4$ の逆関数を求めるとき，まずはこの式を x に関して解きました．すると，$x=-\frac{1}{2}y+2$ になりました．$y=-2x+4$ と $x=-\frac{1}{2}y+2$ は同じ関係を表わしています．ということは，そのグラフはまったく同じものになるはずですね．ここで，x と y を入れ替えて作ったのが，逆関数 $y=-\frac{1}{2}x+2$ です．ということは，$y=-2x+4$ のグラフの x 軸と y 軸をひっくりかえしたものが，$y=-\frac{1}{2}x+2$ のグラフだということになります．だから，$y=-2x+4$ のグラフと $y=-\frac{1}{2}x+2$ のグラフは，$y=x$ を軸として対称の位置にあるのです．

みなさんの中には，もしかすると，「逆関数とは，元の関数と $y=x$ を軸として対称の位置にある関数」と覚えている人がいるかもしれません．それはあくまでも，逆関数のグラフの性質であって，定義ではないのです．

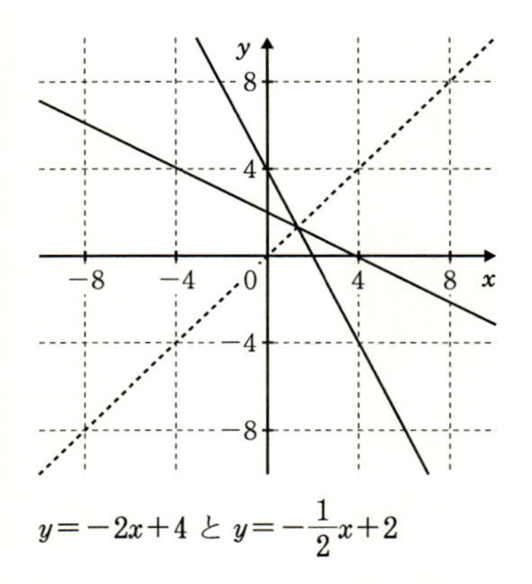

$y=-2x+4$ と $y=-\dfrac{1}{2}x+2$

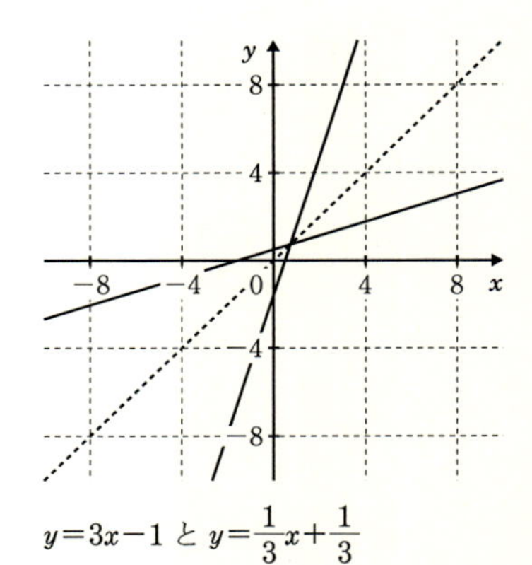

$y=3x-1$ と $y=\dfrac{1}{3}x+\dfrac{1}{3}$

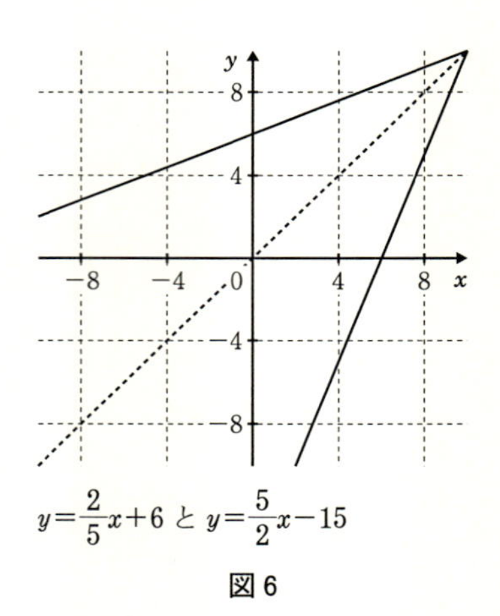

$y=\dfrac{2}{5}x+6$ と $y=\dfrac{5}{2}x-15$

図 6

「対称の軸になる $y=x$ の逆関数はなんですか？」

$y=x$ の逆関数は，それ自身です．なぜなら，$y=x$ というのは，「入力に対して何もしないでそのまま出力するような関数」だからです．

「なるほど．3 を入力したら，3 を出力，-10 を入力したら -10 を出力するんですものね」

ある関数によって，入力 x を変化させて，y を出力したとしましょう．その y を逆関数で再び変化させると，何になりますか？

「変化させてから，それを逆に変化させるんですよね」

「なんだか，理科の「酸化と還元」みたいね」

「だったら，元にもどっちゃうんじゃないですか？」

その通りです．

再び，$y=-2x+4$ を例に考えてみましょう．x はこの関数によって，$-2x+4$ に変化しました．それを逆関数の $y=-\frac{1}{2}x+2$ に入力してみます．

$$-\frac{1}{2}(-2x+4)+2=x-2+2=x$$

元の x に戻ってしまいました．つまり，関数によって変化させた後で，その逆関数で再度変化させると，何もしなかったのと同じことになるのです．

「逆関数は，元の関数と「逆のことをする関数」という意味なんですね！」

第11章　牛乳パックのひみつ

前回までは，関係，とくに一次式で表わされる関係について勉強をしました．今回はもう少し広い視野から関係について考えてみることにしましょう．

みなさんの家の冷蔵庫には，牛乳やジュースなど紙パックの飲み物が入っていると思います．その紙パックを使っての実験です．

ここにまだ開封していない1ℓ牛乳パックがあります．中身はどれくらい入っているかな？

「1ℓパックなら1リットルでしょう？」

そうね．ところで1リットルは何立方センチメートルかな？

「それは小学校でやったよね．1000立方センチメートルです」

「本当にそんなに入っているかしら？」

牛乳パックの各辺の長さを測ってみることにしましょう．

まずは底面の縦横を測ってみます．牛乳パックの底面は正方形ですね．縦の長さも，横の長さも，どちらも7センチメートルです．

では，牛乳パックの高さを測ってみることにしましょう．結果はどうだったかな？

「約19.5センチメートルです」

「20センチには足りなかったのね？」

「うん，そうだよ」

では，この牛乳パックの容積はどれくらいになりますか？

「立方体の体積の公式は，縦×横×高さですよね．代入すると，

$$7 \times 7 \times 19.5 = 955.5$$ （立方センチメートル）

あれ？ 1000立方センチメートルよりも少ない！」

そうなんです．おかしいでしょう？

「あ，僕わかったよ．きっと，上のとんがっている部分に入っているんだよ」

確かに，紙パックの上部には，四角錐がついていますね．そこに牛乳が入っているのかもしれませんね．牛乳をこぼさないようにそっと上の部分を開いてみましょう．どう？ 上までぎりぎりに入っていますか？

「あれー!? 変ですよ．四角錐の部分にはぜんぜん牛乳は入っていません」

「ということは，牛乳会社がずるをしている，っていうこと？」

「えー！ ひどいなあ．訴えなくちゃ」

いえいえ，あわてないで．本当に1000立方センチメートル入っていないかどうか，計量カップを使って調べてみましょうよ．

「計量カップは1カップ200 cc，つまり200立方センチメートル入るんですよね．ということは，5カップ分なくちゃおかしい」

「あれー？ ちょうど5カップ分だ」

そうなんです．この紙パックには，表示どおりちょうど1000立方センチメートルの牛乳が入っているんです．けれども，紙パックの容積は，みんなが計算すると955.5立方センチメートルなのね？

「そんなこと，ありえないよ」

「残りの44.5立方センチメートルはどこへ消えたの？」

「あのさ，こうやって牛乳を出して空になった紙パックと，まだ開けていない紙パックを並べてみると，なんだか空のほうがやせてみえないか？」

「牛乳を入れるとパックが伸びる，っていうこと？」

では，紙パックが伸びたかどうか，メジャーを使って，紙パックの周を測ってみます．どうでしょう．

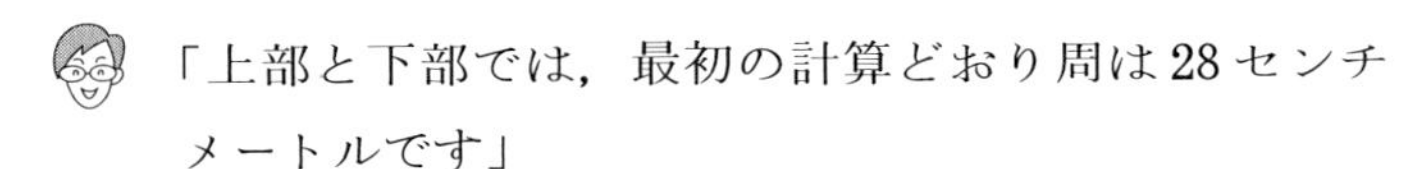

「上部と下部では，最初の計算どおり周は 28 センチメートルです」

「あれ，真ん中あたりもやっぱり 28 センチメートルです」

そうなのです．紙パックは伸びてはいないのです．

「でも，なんだか，真ん中あたりが丸みを帯びて見えるけれど」

「それは，膨らんでいるんじゃなくて，変形しているんじゃない？」

「なんとなく，周の長さは同じでも，角ばっているよりは丸みがあるほうがたくさん入りそうな気がするな」

「それはイメージでしょう？ 非論理的だと思う」

さて，本当のところはどうなんでしょう？ この疑問を問題にすると次のようになります．

> 周の長さが 28 センチメートルである図形がある．
> このとき，この図形が囲む面積は等しいか？（ただし，図形は凸型であるとする）

「うーん，どうやって解いたらいいかわからないなあ」

では，問題を分解して，もう少し解きやすくしてみましょう．まずは次のふたつの問題を考えてみてね．

(1) 周の長さが28センチメートルであるような長方形の面積はすべて等しい？ （Yes，No）
(2) 周の長さが等しい正三角形，正方形，正六角形の面積は等しい？ （Yes，No）

まずは(1)の問題，ためしに，正方形の場合と，縦の長さが1センチメートルであるような長方形で考えてみましょう．正方形の縦横の長さはそれぞれ7センチメートル，長方形の横の長さは　$28 \div 2 - 1 = 13$(センチメートル)ですね．

正方形の面積 $= 7 \times 7 = 49$　(平方センチメートル)

長方形の面積 $= 1 \times 13 = 13$　(平方センチメートル)

正方形の方が3倍以上広いんですね．

「へぇ，意外．周の長さが同じでも，こんなに面積って変わるんだ」

その通り．ですから，(1)の答えはNoなのです．

では，(2)の問題．周の長さが28センチメートルの正三角形の面積はどうでしょう？ このとき，一辺の長さは約9.3セン

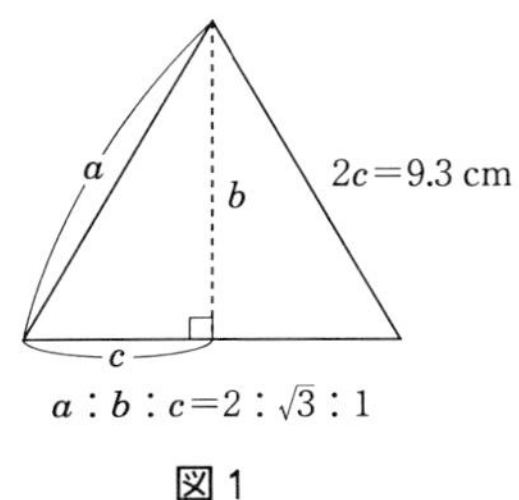

図1

チメートルです(図1)．さて，この正三角形の面積はどうやって求めたらいいでしょうか．

「底辺は9.3センチメートルだから，高さがわかればいいのね」

「三平方の定理を使えば求められるんじゃないかな？」

三平方の定理(ピタゴラスの定理)は，直角三角形の斜辺の長さがa，他の2つの辺の長さがそれぞれb，cのとき，3つの辺の間に

$$a^2 = b^2+c^2$$

という関係が成りたつ，という定理です．

「あ，ここにも「関係」っていう言葉がでてきたね」

そうですね．これも，中学校で習う重要な関係のひとつです．特に，90度，60度，30度の角を持つ直角三角形では，底辺の長さと斜辺の長さと高さの比が，$1:2:\sqrt{3}$になる，というこ

とが知られています．正三角形を半分に分けると，ちょうど，この三角形になりますね．

ですから，一辺が9.3センチメートルの正三角形の高さをxとすると，次の式が成りたちます．

$$9.3 : x = 2 : \sqrt{3}$$

よって，$2x = 9.3 \times \sqrt{3}$が成りたつでしょう．これを変形すると，xを求めることができますね．

$$2x = 9.3 \times \sqrt{3} \longrightarrow x = \frac{9.3 \times \sqrt{3}}{2}$$

$$x \fallingdotseq 8.0$$

求めたかったのは，この三角形の面積でしたね．三角形の面積の公式を使って，計算してみましょう．

$$9.3 \times 8.0 \div 2 = 37.2$$

約37.2平方センチメートルになりました．正方形のときと比べてどうですか？

「正方形のときが，49平方センチメートルだから，約$\frac{3}{4}$になっちゃった」

「周の長さは同じなのに，びっくりね」

周の長さを変えずに正六角形にしてみると，面積はどう変化するでしょう(図2)．この正六角形の一辺の長さはいくつかな？

「周の長さが28センチメートルだから，$28 \div 6 \fallingdotseq 4.7$，

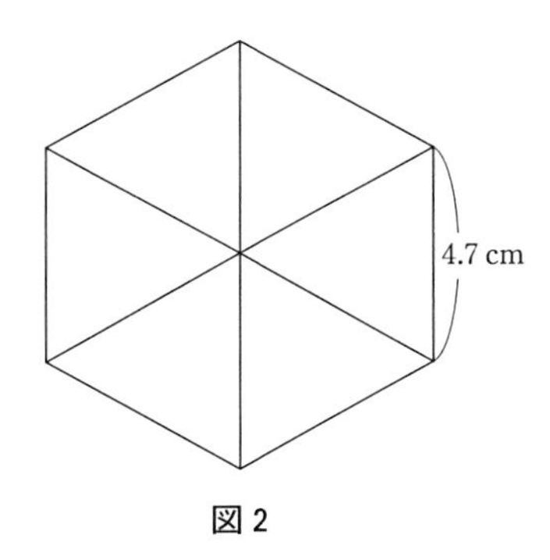

図2

約4.7センチメートルです」

この正六角形の面積を出すにはどうしたらいいでしょう．まずは，正六角形を6つの正三角形に分けてみましょう．

「小さな正三角形の面積が出ればわかりますね」

「さっきと同じように考えると，一辺4.7センチメートルの正三角形の高さは，$\dfrac{4.7}{2}\times\sqrt{3}\fallingdotseq 4.0$センチメートルになりますよね」

「だとすると，正六角形の面積は，$(4.0\times 4.7\div 2)\times 6=56.4$，ですね．あ，正方形のときよりも増えました」

ただし，増え方は小さくなっていますよ．周の長さが28センチメートルの正n角形の面積を調べてグラフにしてみました．図3のようになります．どうですか？

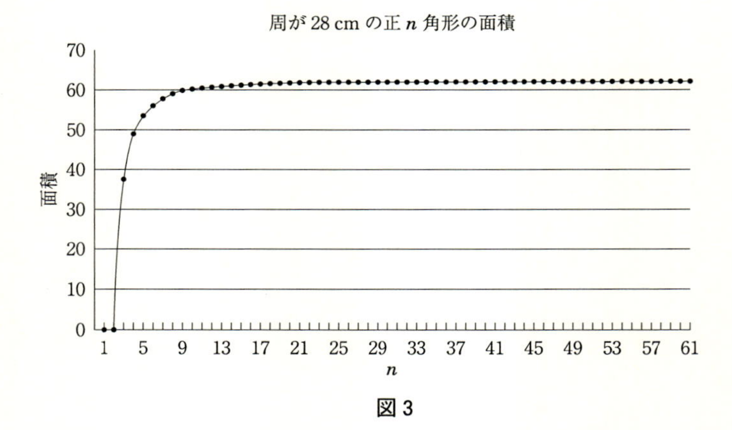

図 3

「正三角形，正方形，正五角形と n が増えるにしたがって面積が多くなってます」

問題(2)の答えも No だったわけですね．

「つまり，角ばっているよりも丸いほうが，面積は大きくなるんだよ．えっへん！」

「n をどんどん増やすと面積は増え続けるけど，伸びはだんだん小さくなるんだね．正 12 角形あたりからはあまり変化しなくなる」

はい．それが，「正 n 角形の n と周の長さの間の関係」ですね．こうして，関係を式にしたり，グラフにすることによって，n がどんどん増えたときどうなるか，ということを予測することができるようになります．

n が増えると，だんだん見た目は円に近づきます．だとすると，円になったときが面積は最大になる，そういう予想が立てられそうですね．

「牛乳が入っているときの紙パックの形が四角柱でなく正六角柱だったと仮定すると，その体積は 56.4×19.5＝1099.8（立方センチメートル）．余裕で 1 リットル入ります」

「やっぱり，角ばっているよりも丸いほうが，たくさん牛乳が入るんだよ．えっへん！」

（参考資料：斎藤政彦「総合的学習のよりよい構築をめざして――総合的な学習の意義とひとつの提案」総合学習学会（2000 年））

第12章　迷ったら表，で乗り越える

今回は，こんな問題から考えてみることにしましょう．

> じゃんけんを1回する．このとき，次のどれが正しいでしょう．
> (1) 2人のときより，3人のときのほうが，あいこになりやすい．
> (2) 3人のときより，2人のときのほうが，あいこになりやすい．
> (3) 2人でも3人でも，あいこになりやすさは同じ．

「うーん，どうだろう．人数が増えると，あいこ(勝負がつかない)になりやすい気がするけど」

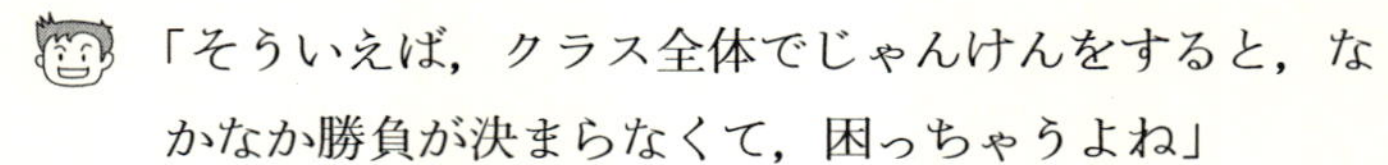
「そういえば，クラス全体でじゃんけんをすると，なかなか勝負が決まらなくて，困っちゃうよね」

では，きちんと考えてみることにしましょう．

AとBの2人がじゃんけんをするとき，どんな出し方があるかな？

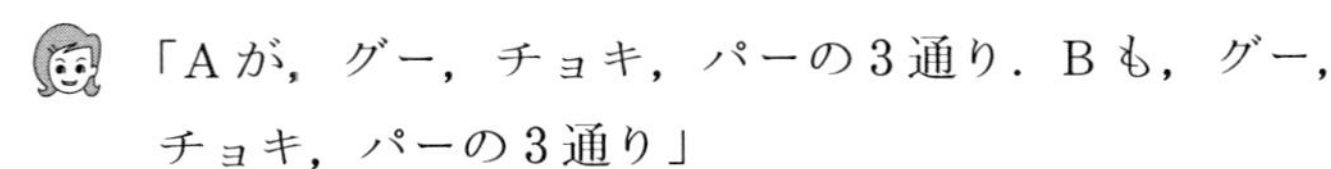

「Aが，グー，チョキ，パーの3通り．Bも，グー，チョキ，パーの3通り」

では，全体で，出し方は何通りあるか，表を使って考えてみましょう．

A	B
グー	グー
	チョキ
	パー
チョキ	グー
	チョキ
	パー
パー	グー
	チョキ
	パー

Aの出し方それぞれに対して，Bは3通りの出し方があります．ですから，全体では，

$$(\text{Aの出し方}) \times (\text{Bの出し方}) = 3 \times 3 = 9$$

となり，9通りの出し方があります．

そのうち，あいこになるのは，どんな出し方かしら？

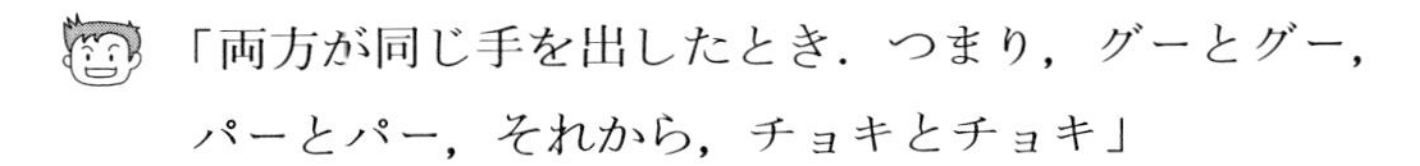

「両方が同じ手を出したとき．つまり，グーとグー，パーとパー，それから，チョキとチョキ」

その3通りですね．つまり，全体である9通りのうち，3通りがあいこになります．ですから，あいこになる確率は，次のよ

うに計算できますね．

$$\frac{\text{あいこになる場合の数}}{\text{全体の場合の数}}=\frac{3}{9}=\frac{1}{3}$$

あいこになる確率は $\frac{1}{3}$ でした．パーセントになおすと，約 33.3% ですね．また，A が勝つ確率，B が勝つ確率も，それぞれ $\frac{1}{3}$ です．

では，A，B，C の 3 人の場合はどうかしら．3 人でじゃんけんをするときの手の出し方は，何通りあるでしょう．式を立ててみてください．

「同じように考えるんですよね」

「A，B，C それぞれ出し方は 3 通りだから，$3\times3\times3=27$ になって，全体では 27 通りじゃないですか？」

はい，そうです．そのうちあいこになるのは，何通りでしょう．

「全員がグーを出すとき，全員がチョキを出すとき，それから全員がパーを出すときの 3 通りかな」

「他にも，全員が異なるグー，チョキ，パーを出す場合があるよ」

「そうね．とすると，あいこになるのは 4 通りね！」

「ということは，あいこになる確率は $\frac{4}{27}$ かな？」

「パーセントになおすと 14.8% だよ．ということは，2 人のほうがあいこになりやすいんじゃないかな」

あわてずに，また表になおしてみることにしましょう．

A	B	C
グー	グー	**グー**
		チョキ
		パー
	チョキ	グー
		チョキ
		パー
	パー	グー
		チョキ
		パー
チョキ	グー	グー
		チョキ
		パー
	チョキ	グー
		チョキ
		パー
	パー	**グー**
		チョキ
		パー
パー	グー	グー
		チョキ
		パー
	チョキ	**グー**
		チョキ
		パー
	パー	グー
		チョキ
		パー

この表を見ると，3人とも同じ手を出す，という場合の数は，確かに3通りです．けれども，3人が異なる手を出す場合の数

は，1通りではありませんね．全部で，6通りあります．つまり，「3人が異なる手を出す」確率は，「3人が同じ手を出す」確率の倍あるのです．

「けっきょく27通りのうち，あいこになる場合の数は9通り．あいこになる確率は，$\frac{9}{27}=\frac{1}{3}$ ですね」

「だとすると，2人でも3人でも，あいこになる確率は同じ，ということね」

「うーん，想像してたのと違うなぁ」

確率は，降水確率や宝くじの当選確率など日常生活でひんぱんに接する数学です．ですが，頭で想像したものと，計算した結果が違う，ということがとても起こりやすい数学でもあります．

「勘に頼らずに，**迷ったら表にする**，というのがポイントね！」

「でも，やっぱり納得できないな．人数が増えると，あいこになりやすくなると思うんだけど」

では，今度は，A，B，C，Dの4人でじゃんけんをすることを考えてみましょうか．

「今度は全部で $3\times3\times3\times3=81$ 通りね．えっ，これを表にするの？」

表にするのは悪くないのですが，場合の数が増えると大変なの

A	B	C	D
グー	グー	グー	**グー**
			チョキ
			パー
		チョキ	グー
			チョキ
			パー
		パー	グー
			チョキ
			パー
	チョキ	グー	グー
			チョキ
			パー
		チョキ	グー
			チョキ
			パー
		パー	**グー**
			チョキ
			パー
	パー	グー	グー
			チョキ
			パー
		チョキ	**グー**
			チョキ
			パー
		パー	グー
			チョキ
			パー

です．そういうときには，表の一部分を考えてみてもいいんですよ．まずは，Aがグーを出すときのことを考えてみること

にしましょう.

「Aがグーを出す27通りのうち，あいこは13通りですね」

「ということは，全体の81通りのうち，あいこになるのは，13×3＝39通りじゃないかな」

「だとすると，あいこになる確率は$\frac{39}{81}$．パーセントになおすと，約48.1％になります．やっぱり，人数が増えるとあいこになる確率が上がりました」

ただ，この表を作るのも，なかなか大変です．表作りに慣れてきたら，今度は筋道を立てて式で計算できるようになれるといいですね．

4人がそろっておなじ手を出すのは，全員がグー，全員がチョキ，そして全員がパーの3通りあります．4人が異なる手を出す場合の数がどれくらいあるか，それを計算するのには，「4人が異なる手を出す，とはどのような状況か」を論理的に書き下す必要があります．

「4人が異なる手を出す」とは，4人のうち2人が同じ手を出し，残った二人がそれ以外の2通りの手をそれぞれに出す，ということです．たとえば，AとCがパーを出したとき，それ以外の2人であるBとDはグーかチョキしか出せません．このとき，BがグーでDがチョキ，反対にBがチョキでDがグーの2通りがあります．つまり，A，B，C，Dが「異なる手を出してあいこになっている」状況は，(時間の経過を無視すると)次のように書き下すことができます．

① 4人のうち2人を選ぶ，次に

② その2人がグー・チョキ・パーから同じ手を選ぶ，次に

③ 残りの2人が残った2種類の手から別々のものを選ぶ

ここで，①②③の内容に重なりがないように書くのがポイントです．

確率の計算では，「次に」とか「さらに」という接続詞は**かけ算**に，「または」は**たし算**に，「～ではない」「以外の」は**ひき算**になる，という性質があります．とすると，「4人が異なった手を出してあいこになる」場合の数は，次のように計算することができます．

$$\overset{①}{(4\text{人から}2\text{人の選び方})} \times \overset{②}{3} \times \overset{③}{2}$$

4人から2人を選ぶときには，最初の1人目を選ぶのが4通り．もう1人を選ぶのが3通りあるので，全部で4×3＝12で12通りあるように見えます．けれども，4人の中からAとBを選ぶのと，BとAを選ぶのは同じことなので，二重に数えています．ですから，12を2で割って，12÷2＝6，6通りとなります．

つまり，「4人が異なった手を出してあいこになる」場合の数は，6×3×2＝36，36通りとなりました．

「全員が同じ手を出してあいこになるのとあわせると，36＋3＝39，となって，39通りなのね」

はい，そうなのです.

「確率は，「状況を重なりがないように論理的に書き下す」というのがむずかしいんだよね」

そうですね.「4人が異なる手を出してあいこになる」ということと，上に書いた①②③が「同じことだ」と理解するところが，確率では一番むずかしいところですね．一気にうまい数え上げ方を発見するのはむずかしいでしょうから，部分的にでも表を書いて確かめながら進むと安全でしょう.

「計算と表の二刀流，がポイントなのね！」

では，次回はこのテクニックを使って，日常に潜む確率の問題にチャレンジしてみることにしましょう.

第13章 「ラッキー」を確率ではかる

まずは，こんなおめでたいニュースから．

◇東京都府中市の会社員，吉井守さん(25)と妻幸子さん(23)が，お年玉付き年賀はがきの1等にそろって当選した．
◇1等は50万通に1本の割合で「信じられない」と二人は何度も確認．5種類の賞品からグアム・ペア旅行を選び，1本は幸子さんの両親にプレゼント．
◇グアムは新婚旅行の地で，「結婚3年目の“ラッキームーン”になりそう」．　（○×新聞朝刊より）

夫婦に届いたお年玉付き年賀はがきは合計20通で，そのうち2通が1等だったそうです．

「グアム旅行……．うらやましいな」
「僕なんか32枚来たのに，4等の切手シートが1つ当たっただけ(泣)」
「うちのお母さんは，「私なんか，まだ3等以上の賞品にあたったことないのに！」って，超うらやましがってたよ」

さて，今回は「吉井さん」がどれくらい幸運な人なのか，前回勉強した「確率」の考え方をつかって数学的に考えてみることにしましょうか．郵政公社によると，1等は50万通に1通の確率らしいですね．ということは，吉井さんの幸運の確率はどれくらいになるのでしょう．

「1枚当たるのは，50万分の1の確率じゃないですか？」

「それが2枚当たったんだから……，うーん，100万分の1の確率かな？」

この記事を読んだ多くの人が「20枚しか年賀状が来ていないのに，1等が2枚もあるなんて！」と思ったことでしょう．もし，吉井さんのところに1億枚の年賀状が届いていたなら，そんなにたくさんあれば，1等も混じっていて当然だな，と感じるだけだったかもしれませんね．ということは，届いた年賀状の枚数によって，確率は変わるのではないでしょうか．

「うーん，そんな気はするけど……」

「どうやって数式にしていいか，わからない」

では，手始めに，2枚しか年賀状が届かなくて，その2枚ともが1等である確率について考えてみることにしましょう．

1 枚目が 1 等である確率は，50 万分の 1 ですね．2 枚目が 1 等である確率も同じように 50 万分の 1 です．では，1 枚目・2 枚目が両方とも 1 等である確率はどう考えればいいでしょうか．3 つの意見を並べてみました．みなさんは，どれが正しいと思うかな？

(1) $\frac{1}{500{,}000}+\frac{1}{500{,}000}=\frac{1}{250{,}000}$　答え　25 万分の 1

(2) $\frac{1}{500{,}000+500{,}000}=\frac{1}{1{,}000{,}000}$

答え　100 万分の 1

(3) $\frac{1}{500{,}000}\times\frac{1}{500{,}000}=\frac{1}{250{,}000{,}000{,}000}$

答え　2 千 5 百億分の 1

「うーん，(2)か(3)かなぁ」

「(1)は間違いなんじゃない？ だって，25 万分の 1 って，50 万分の 1 よりも大きいでしょ．1 枚当たるよりも 2 枚当たるほうが，確率が大きくなる，っていうのは変だと思う」

はい，そうです．まず，(1)は消えました．

授業で確率を調べる方法を応用して，この問題を解いてみることにしましょう．

ここに100円玉が1枚あります．これを放り投げたとき，表（おもて）が出る確率はどれくらいかな？

「種も仕掛けもなければ，50％の確率でしょ？」

「50％ということは，$\frac{1}{2}$ということだよね」

どちらの言い方でもOKですよ．

「でも，1回投げたとき，表が出る確率が$\frac{1}{2}$って，どういうこと？ 「$\frac{1}{2}$回，表が出る」っていうイメージがわかないんだけど……」

「うーん．0.5を四捨五入して1にするわけにもいかないし」

「2回投げれば1回は表が出て，1回は裏が出る，っていうことじゃないかな」

それは，違いますよ．

$\frac{1}{2}$の確率，というのは，2回投げたときに1回表が出る，という意味ではありません．表が出る確率も裏が出る確率も$\frac{1}{2}$，というのは，どちらも同じ程度に起こりうる，ということなんです．ここは注意してね．

「同じ程度に起こりうる，っていうのと，2回投げたら1回は表，1回は裏，ということとの違いがよくわからない」

別の言い方をしましょう．$\frac{1}{2}$の確率，というのは，同じ条件でコイン投げを 100 回，1000 回，10000 回と繰り返していくと，表が出る割合が 50% に近づいていく可能性が非常に高い，という意味なんです．でも，ちょうど 50% になる，ということではないんですね．

こんな実験をして確かめてみることにしましょう．100 円玉を 2 度投げます．1 回目と 2 回目，それぞれ表が出たか裏が出たかを記録します．これを 100 回繰り返してそれぞれの回数をまとめたのが表 1 です．表と裏が 1 回ずつ出るケースはあわせて 50 回しかありません．2 回投げたら「表が 1 回，裏が 1 回出る」とは限らないのです．

表 1

(1 回目，2 回目)	(回数)
(表，表)	27
(表，裏)	24
(裏，表)	26
(裏，裏)	23

では，いよいよ 2 回続けて表が出る確率の求め方にせまっていきましょう．この表を利用して，「2 回とも表が出る確率」がいくつになるか，考えてみてください．

「(表，表)，(表，裏)，(裏，表)，(裏，裏)の 4 種類の出方があって，どれも同じくらいの確率みたい」

「ということは，(表，表)が出る確率は $\frac{1}{4}$ なんじゃないかな」

はい，その通り．実験をせずにこの $\frac{1}{4}$ を求める方法はないかしら．

「表が出る確率は $\frac{1}{2}$ だから，$\frac{1}{2+2}=\frac{1}{4}$ なんじゃないかな」

「$\frac{1}{2}\times\frac{1}{2}=\frac{1}{4}$ かもしれないよ」

どちらの式が正しいのでしょう？

もうひとつ実験をしてみましょう．今回使うのはサイコロです．サイコロを 2 度振って，目の出方を調べてみます．ところで，2 度サイコロを振ったとき，目の出方は全部で何通りあるかわかるかな？

「(2 と 4) とか，(5 と 6) とか．うーん，たくさんあって数え切れない！」

思いついたところから数えるんじゃなくて，前回やったように表にして数えてみましょう．まず，1 回目が 1 だったとき，どうなるかを考えましょうか．

「1 回目が 1 だったとすると，2 回目は 1 か 2 か 3 か 4 か 5 か 6 だから，(1, 1)，(1, 2)，(1, 3)，(1, 4)，(1, 5)，(1, 6) の 6 通り」

「1 回目が 2 のときも同じように 6 通りですね」

「ということは，全部で $6\times6=36$，36 通りになるね」

さて，この36通りの中で，他のよりも可能性が高い出方ってありますか？ あるいは，他のよりも可能性が低い出方ってあるかな？

「サイコロに細工がしてなければ，同じなんじゃないの？」

ということは，それぞれの目の出る確率はどうなると思います？

「同じになるはず」

「ということは(1, 1)が出る確率は$\frac{1}{36}$じゃないかな」

実際に100回繰り返してみると，(1, 1)が出たのは，3回でした．$\frac{1}{36}\fallingdotseq 0.028$(2.8%)ですから，この予想は正しそうですね．さて，$\frac{1}{36}$を求めるための式はどうなると思いますか？

「$\frac{1}{6}\times\frac{1}{6}=\frac{1}{36}$ですか？」

はい，そうです．$\frac{1}{6+6}=\frac{1}{12}$では，$\frac{1}{36}$にはなりませんからね．

「ということは，2回続けて同じことが起こる可能性を求めるには，確率をかければいい，ということですか？」

正確に言うと次のようになります．

Aという事柄が起こる確率がp，Bという事柄が起こる確率がq，AとBの間には何の関係もなかったとします．このとき，Aが起こったあとにBが起こる確率は$p \times q$になるのです．

「ということは，年賀はがきが2枚とも1等になる確率は

$$\frac{1}{500{,}000} \times \frac{1}{500{,}000} = \frac{1}{250{,}000{,}000{,}000}$$

2千5百億分の1，ということですね」

はい，だいたいは，そうです．

「だいたい，ってどういうことですか？」

もしも，1等が1枚しかなかったとしたら，2枚とも1等になる確率っていくつだと思いますか？

「1等が1枚しかなければ，2枚とも1等になりようがありません！」

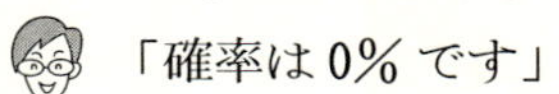
「確率は0%です」

そうですね．サイコロやコインと年賀はがきの1等では，少し事情が違ってくるのです．サイコロでは1回目で1の目が出ることと，2回目で1の目が出ることの間には，何の関係もありません．しかし，当選はがきの場合は，1枚目のはがきが1等になると，2枚目が1等になる可能性が下がってしまうのです．

「だとすると，2枚とも1等になる確率は2千5百億分の1よりももっと小さい，ということですね．すごいなあ」

ただし，吉井さんの場合は20枚のはがきのうちの2枚が1等になったので，この確率よりは高くなります．高校で習うことですが，計算式と結果だけ紹介しましょう．

$$\underbrace{\frac{1}{500000^2} \times \frac{499999^{18}}{500000^{18}}}_{\text{2枚が1等，18枚が外れる確率}} \times \underbrace{\frac{20 \times 19}{2 \times 1}}_{\text{当選2枚の20枚の中の紛れ方}}$$

$$= \frac{499999^{18}}{500000^{20}} \times 190 \fallingdotseq 7.6 \times \frac{1}{10000000000}$$

というわけで，吉井さんは「約100億回に7.6回」というとてつもない幸運に恵まれたことになります．

第14章　ニセ定理を見破れ！（その1）

みなさんが学校で習うのは，正しい公式や正しい定理ですね．そうして，正しい練習問題を解きますね．もちろんそれも大事なんだけど，実はそれだけではつかない力があるんです．なんだかわかりますか？

それは，ウソを見抜く力です．そして，ウソを正しく直すための力です．今回は，もっともらしそうに見えるウソを見抜く，というテクニックを勉強しましょう．

次の(1)から(3)のうち，間違っているものをさがし，なぜ間違っているか理由を説明しましょう．

(1)　偶数の約数をもつような数は，必ず偶数になる．

(2)　奇数の約数をもつような数は，必ず奇数になる．

(3)　偶数とは，奇数の倍数ではないような数のことである．

(4)　たし算の性質のひとつに，「たすと増える」ということが挙げられる．

「うーん」

「ぱっと読むと，みんな正しいような気がするんだけど……」

「本当にこの中に間違ったものがあるんですか？」

はい，ありますよ．1つずつチェックしてみましょうか．まず(1)はどうですか？

「偶数の約数をもつような数，っていうのは，2とか6とか10ですよね」

「みんな偶数だよね」

「じゃあ，これは正解だ」

ちょっと待って！ その考え方はとても危険ですよ．

みなさんはまずいくつかの例を考えてみましたね．それはとてもいいことです．これを「チェックポイント1」とよびましょう．けれどもいくつかの例だけをみて判断するのは，だめ．そういうあなたは，しっかり者に見えて，案外だまされやすい人かもしれませんね．インチキ商法にひっかかったりしないように，要注意！

だまされないためには，サンプルをチェックしたあとで，「どうして2や6や10は偶数なんだろう？」と理屈を考えなくてはだめですね．

ところで，「偶数」ってどんな数のことでしたっけ？

「偶数？ 2，4，6，8，10，12，…，のこと」

これは偶数の最初の6つの数を並べてみた，ということでしょう．質問は「偶数ってそもそもどんな数のことですか？」ということです．

「うーん，2の倍数のこと」

そうですね．偶数とは2の倍数のことです．まずは，これを式で表わしてみましょう．

「え？ 式？ うーん，2の倍数だから，偶数は$2a$って書けばいいのかな」

そうですね．では，偶数を約数にもっている，とはどんなことでしょうか．もう一度，式で表わしてみましょう．

「で，偶数を約数にもっている，ということは……」

「偶数の倍数になっている，ということになるから，$2ab$」

そうです．偶数を約数にもっているような数は$2ab$(ただし，a, bは整数)と表わすことができます．$2ab$は偶数ですか？

「$2ab$は2の倍数だから偶数」

そうですね．ここまで説明できて，はじめて「偶数を約数にもっている数は必ず偶数になる」ということがわかるんです．さっき，説明の中で「偶数を約数にもっている，ということは偶数の倍数になっていること」だといいましたね．こうして同じことを別の言い方に置き換える，ということが大事です．これを「チェックポイント 2」とよびましょう．さらに，言葉の説明を式に置きなおすと見通しがよくなりましたね．そこも重要です．これが「チェックポイント 3」．3 つのチェックポイントをおさえながら，次の問題に進みましょう．

(2) の問題はどうですか？

「これは (1) の逆ですよね．偶数というのが奇数に置き換わっただけ」

「じゃあ，これも正解ですね」

あら，どうして？

「だって，偶数以外のものはみんな奇数だから．同じことが成りたつんじゃないですか？」

それでは根拠があいまいですね．サンプルでチェックしてみましょうよ．

「奇数というのは，偶数ではない数だから，1，3，5，7，9，…」

さて，奇数を約数にもつような数を考えてみましょうか．

「たとえば，3 を約数にもつような数は，3 とか 6 とか．ん？ 6 は偶数ですね」

そうですね．$6=2\times3$ ですから 2 の倍数，偶数です．ですから問題(2)は間違っているのです．

「そうかあ．似た問題が正しくても，だめなこともあるんだ……」

このように，問題(2)が「間違っている」ことを示すには，(2)の条件が成りたたないような例をひとつ示せばよいのです．そのような例のことを**反例**といいましたね．問題(2)の場合は，「6は3を約数にもつけれど，偶数」，が反例になりますね．

では，問題(3)はどうでしょう．

「「偶数とは，奇数の倍数ではないような数のことである．」……」

「日本語として何をいっているのかよくわからないんだけど」

奇数の倍数ではないような数，の言い回しのように，中に否定形が入っていると意味を読み取りにくくなりますね．そういうときには，ポイントの2，「別の言い回しに置き換えてみる」をやってみてはどうでしょう．

「「奇数の倍数ではない」とは，「偶数の倍数である」ということかな？」

おやおや，ほんとうにそうかな？ ポイント1を使ってチェックしてみましょう．

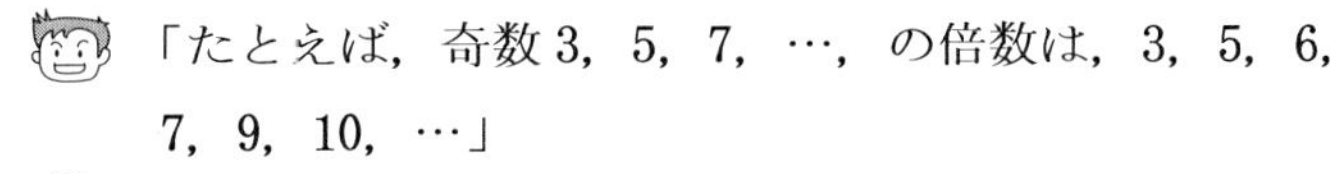

「たとえば，奇数 3，5，7，…，の倍数は，3，5，6，7，9，10，…」

「だから，奇数の倍数ではない数は，2，4，8，…」

「あ，6 や 10 は偶数だけど，奇数の倍数だね」

「ということは，問題(3)も間違いなんだ」

はい，そうです．「奇数の倍数ではない」とは「奇数の約数をひとつももたない」ということになります．つまり，「すべての約数が偶数である」ということです．なので，問題(3)を別の言い回しに置き換えるとこうなります．

「偶数とは，すべての約数が偶数であるような数のことである」

これは間違っていますね．なぜなら，6 という反例をもつからです．6 は偶数ですが，奇数 3 を約数にもつような数ですね．

さあ，最後．問題(4)はどうかな？

「今度こそだまされないようにしなくちゃね」

「えー，でも，たし算をしたら，2＋3＝5，100＋274＝374，増えるに決まっているよね」

「だめだめ，そうやってサンプルで信用しちゃ．何か私たちが気づいていないことを先生は考えているに違いないんだから」

おっ．ニセ物を見破る力がついてきたみたいね．

「あ！ 僕わかった．なーんだ，かんたんじゃん」

「あっ！ そうか，僕もわかった！」

「えーっ，私だけだまされてるの？ 悔しい！ 教えて，教えなさいってば！」

さあ，読者のみなさんはどうかな？「たし算をすると必ず増える」は，本当でしょうか．（ヒント：小学校では，この問題の反例は習いません．）

第15章　ニセ定理を見破れ！(その2)

前回に引き続き，「ニセ定理を見破れ！」の第2回目です．

世の中には，本当と，あからさまなウソの間に，「本当と区別がつきにくいニセ物」「途中まで本当なのだけど結論がウソ」というものがたくさんあります．

まぎらわしいニセ物を見破るためには，読解力と論理力が必要になります．読解力とは，難しく込み入った言い回しに惑わされず，けっきょく何をいっているのかを読み解く力．論理力は，読み解いた内容にウソが含まれていないかを順序正しくチェックする力です．

次の(1)から(3)のうち，間違っているものをさがし，なぜ間違っているかを説明しましょう．

(1) 四辺の長さがすべて等しいような四角形を正方形という．

(2) 向かい合う2組の辺がそれぞれ平行であるような四角形を平行四辺形という．

(3) △ABCと△DEFがある．辺ABの長さと辺DEの長さが等しく，辺ACと辺DFの長さが等しく，

さらに，角Bと角Eの大きさが等しければ，
△ABCと△DEFは合同である．

「うーん，今回も全部正しそうにも見えるし，全部間違っているような気もしてくるし……」

まずは問題(1)について考えてみましょう．

「これは正しいんじゃないかな．だって，正方形は四辺の長さが等しいよね．縦と横の長さが等しくなかったら長方形になるもんね」

つまり，「正方形ならば，四辺の長さがすべて等しい」ということですね．でも，ここで聞かれているのは，「四辺の長さがすべて等しいような四角形は正方形か？」ということです．言い換えると，「四辺の長さがすべて等しければ正方形になるか？」ということですよ．マッチ棒を4本持ってきて，これで四角形を作ってみましょう．必ず正方形になるかな？

「あ，そうか，こんな形にもなるね」

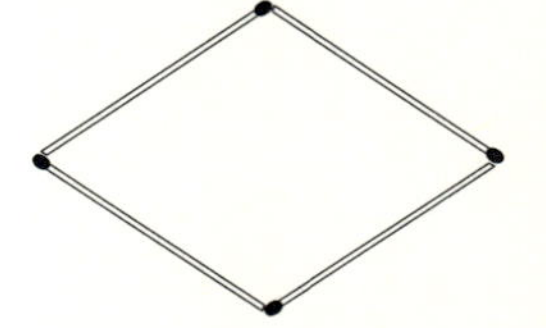

「これは，ひし形ですね」

そうですね．今回，気をつけなければいけなかったのは，「ならば」という言葉の使い方です．「AならばB」が正しくても，「BならばA」が正しいとは限らないんですね．

・正方形⟹（ならば） 四辺の長さが等しい （○）
・四辺の長さが等しい⟹（ならば） 正方形である（×）

ということで，(1)は間違いでした．

問題(2)はどうでしょう．

「今度こそひっかからないようにしないとね」

「向かい合う2組の辺が平行であるとき必ず平行四辺形になるか？ 正方形や長方形になることもあるんじゃないの？」

「だったら，これも×か」

さあ，どうでしょう．四角形を分類すると次のようになります(図1)．

ものの集まりのことを「集合」とよびます．ここでは，一番外側の枠が四角形の集合を表わしています．その中で，向かい合う辺で平行になっているものがあれば台形になります．

「向かいあう辺の1組だけが平行になっているのが台形で2組平行になっていたら台形じゃなくて平行四辺形になるんじゃないの？」

いいえ．1組でも平行になっているものがあれば台形といい，2組とも平行になっている特別な台形を平行四辺形とよぶのです．ですから，平行四辺形は四角形でもあるし，台形でもある

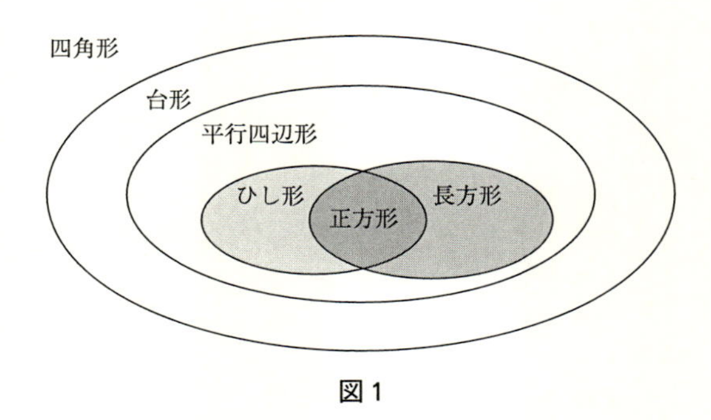

図 1

のです．なので，平行四辺形の集合は，台形の集合に含まれているのです．

四辺の長さが等しい四角形をひし形とよぶのでしたね．四辺の長さが等しいと，自動的に向かい合う 2 組の辺はそれぞれ平行になる，という性質があります．つまり，ひし形は平行四辺形の集合に含まれていることになります．一方，平行四辺形の中で 4 つの角が直角になっているものを長方形といいます．(実は平行四辺形の 1 つの角が直角ならば自動的に残りの 3 つの角も直角になります.）ひし形で，しかも長方形でもあるような形を正方形とよびます．つまり「向き合う辺の組がそれぞれ平行で，四辺の長さが等しく」さらに「4 つの角が直角であるような四角形」が正方形なのです．

ここで，「さらに」という接続詞に注意しましょう．「さらに」というのは，ひし形の集合，長方形の集合の両方に入っている，ということですから，両方の集合が重なった部分が正方形になるのです．

「つまり，正方形も長方形も平行四辺形のうちの特別な形だということね」

「ならば，正方形を見て，「これは平行四辺形だ」とか「これは台形だ」といってもOKなの？」

数学的にはOKです．もしかすると小学校のテストでは×がつくかもしれませんが，少なくとも，正方形なのに平行四辺形ではない形というのは存在しません．ということで，問題(2)は正解なのでした．

では，問題(3)はどうかな？

「2つの三角形の二辺が等しくて1つの角の大きさが等しいんだよね．これ，三角形の合同の単元(中学2年)でやったような気がする」

「でも，「正しい定理と似ている」っていうだけで信用しちゃだめなんだよ」

そうですね．では，正しい定理のほうをまずは紹介しましょう．

正しい定理
「2つの辺とその間の角がそれぞれ等しい三角形は合同になる」
たとえば，図2のように△ABCと△DEFで，AB＝DEかつAC＝DFとなっていて，さらに∠A＝∠Dならば，△ABCと△DEFは合同になる．

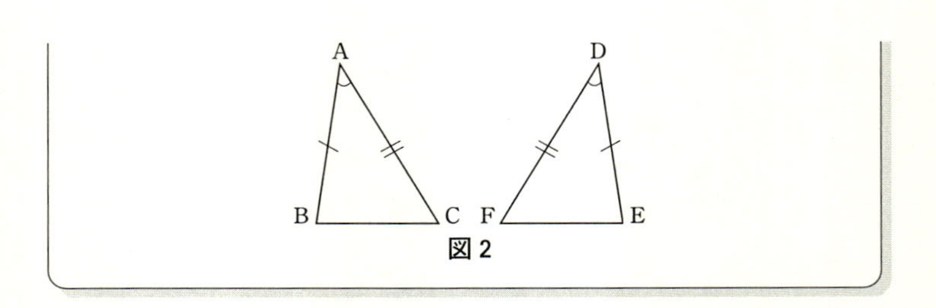

図 2

「問題(3)では，この図とは違って，∠B と∠E が等しいんでしたね」

「この図でも∠B と∠E は等しいよ」

「でも，「2 つの三角形が合同⟹(ならば) ∠B と∠E は等しい」が正しくても，その逆の「∠B と∠E は等しい⟹(ならば)2 つの三角形が合同」が正しいとは限らないでしょう」

「じゃあ，これは本物の定理によく似ているニセ物なんですね」

問題(3)は三角形の合同条件に非常によく似ていますが，違います．ただし，「本物の定理に似ているけれども違う」というだけでは，これがウソかどうかはわかりません．ウソだということを示すにはどうしたらいいんでしたっけ？

「反例を探す？」

そうですね．たとえば，図 3 を考えてみましょう．

これは半径 r の円の中心 O にむけて点 A から線をひいて，

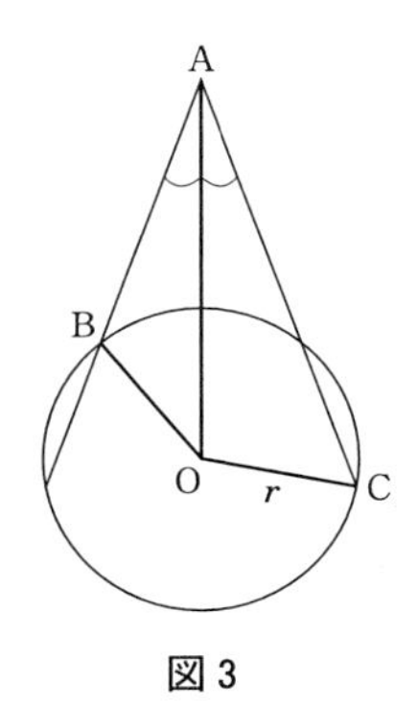

図3

$\angle$OAB＝$\angle$OACになるようにしたところです．△OABと△OACに注目してください．まず辺OAは共通です．また，OB＝OC＝rになっていますね．さらに，$\angle$OAB＝$\angle$OACとなっています．けれども明らかに△OABと△OACは合同ではありません．これは問題(3)の反例になっていますね．ですから問題(3)は間違いです．

どうでしたか？ ニセ定理と本当の定理の違いが理解できたでしょうか．

ニセ物を見破ったり，定理を理解したりするには，言葉，とくに接続詞に注意するのがコツです．「ならば」を勝手にひっくり返さない，「さらに」と「または」を混同しない，などがその一例です．

あとがきにかえて―数学質問箱―

「こんどこそわかる！数学」もこれでおしまいです．

そこで，さいごに数学に関してよくでる質問を集めて，答えていきたいと思います．

まずは，一番よく尋ねられる質問から．

> **Q**. 大人になって二次方程式の解なんて求めることはないと思います．中学校以上の数学を勉強する必要ってあるんでしょうか．

「これって，たまに思うよね」

「うん，特に期末試験の前なんかにね」

数学には，確率や百分率の話題のように日常生活にもたびたび登場する話題もありますが，二次方程式や連立方程式のように使う人は使うけれど，使わない人はぜんぜん，という話題もあります．では，使う人だけ勉強すればいいか，というとそうではないのです．

みなさんの中には，「①今日やらなければいけないことを，優先順位の高い順に箇条書きにする」という作業ができる人はいますか？「②駅までの道順やカレーの作り方をわかりやすく説明する」ことができる人はどうでしょう．あるいは，「③金利を引き下げると，インフレになりやすくなる」理由を説明できる人はいますか？　自信がある人，ない人いろいろですね．では，①，②，③のやり方，学校ではどの科目で習ったか，覚えてますか？

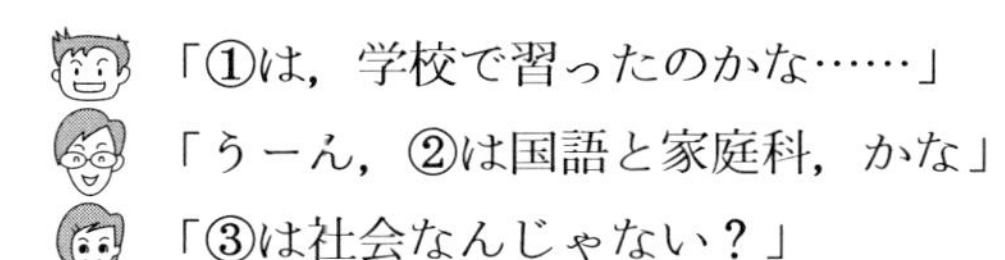

「①は，学校で習ったのかな……」
「うーん，②は国語と家庭科，かな」
「③は社会なんじゃない？」

確かに国語的な表現については，国語で習います．経済の現象の仕組みを教えてくれるのは社会です．けれども，①の「箇条書き」も②の「アルゴリズム(手順)」も，実は数学の活動で繰り返し練習する手法ですし，③の因果関係の説明は，長い数学の歴史の中で開発されてきた「論理推論」とよばれる手法です．証明で使うのも論理推論です．

数学の授業では，そこで習う個々の内容も大切ですが，それ以上に大切なのが，数学の手法を使えるようになることなのです．

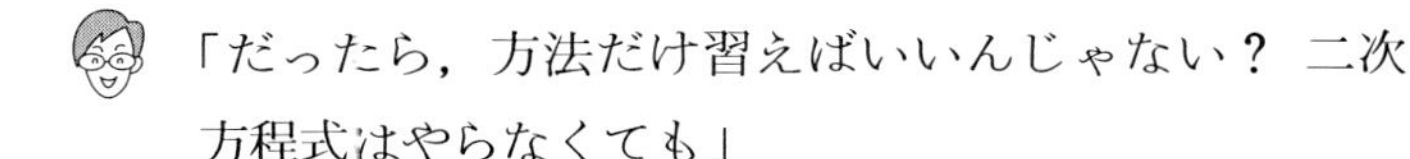

「だったら，方法だけ習えばいいんじゃない？　二次方程式はやらなくても」

方法というのは，「やり方」のことですね．泳ぎ方，逆上がりのやり方，…….これらを文章で読んでも身につかないのと同じように，数学のやり方も実践しないと身につかないんです．しかも，数学の方法はかなり高度で，日常の感覚を超えた一般性を持っています．ですから，式や図形，確率など，さまざまな材料を使って，繰り返し練習しないと簡単にはできるようになりません．

身につかないと，どうなるか，というと，論理的な説明ができない，論理的な説明を聞くのが耐えられない大人になってしまうかもしれません．箇条書きができないせいで，がんばっても仕事の効率が上がらないという人もいるでしょう．論理的に考えられないせいで雰囲気だけで大事な契約を結んでしまったら大変です．わかりやすく説明をすることができないせいで，共感してもらえない，状況をわかってもらえないとしたら悲しいですね．

数学ができないと人生うまくいかない，ということではありません．ただ，数学の方法を意識的に練習して，身につけるほうがハッピーだと思いますよ．

Q. 文系な自分が最低限しなければならない数学って，なんですか？

文系といっても，経済学や家政学のように理系に分類したほうがいい分野もあります．特に現代の経済学は非常にむずかしい数学を使いこなす必要があるので，工学部と同程度の数学を学ぶ必要があるでしょう．

そのほかの分野では，教育学や心理学では，データ整理のために統計を頻繁に使います．ですから，統計や確率についての考え方が身についているといいですね．

意外なことに，数学の構えに一番近いのが，法学部です．裁判官というと，正義感が強くないとできない仕事ですが，正義感だけではつとまりません．法律に書かれている文を正しく解釈し，そこを出発点にして，論理を正しく積み上げて，普遍性のある裁きをする必要があります．論理の積み上げができない人では，裁判官はつとまりません．

数学の証明では，最初に「これこれしかじかを証明する」と宣言し，公理から論理的に結論を引き出しますね．この手法は，まさに裁判官が判決文を作る過程に瓜二つです．裁判では，判決文の主文(「被告は無罪とする」といった部分)が証明すべき内容ということになります．

では，それ以外の分野では，数学は必要ないのでしょうか．

たとえば，文系の学部を出て，サラリーマンになったとします．会議のためのプレゼンテーション資料を作らなくてはなりません．

重要なポイントを3つ抜き出す．それがなぜ重要か，必要か，短時間で聞いている人を納得させる理由をコンパクトにまとめる．うまい例示を配置して聴衆の理解を促したあと，最後に自分の主張したい結論をもってくる．そんなプレゼン資料を作りたいですね．そういうときに必要な国語の力は，文学的な力より，むしろ論理的な力でしょう．

つまり，数学のそれぞれの単元の内容を暗記するのではなく，それぞれの単元に配置されている論理力のトレーニングをしっかり積むことが大事なのです．

Q．私は数学が大嫌いです．こんな私が数学の授業を受けるのは無駄なのではないでしょうか．この時間にもっと有意義なことをしたほうがいいと思うんです．

「私，この子の気持ちがわかる！」

「いやいやながら勉強するくらいなら，もっと有意義に時間は使ったほうがいいかもね．時は金なりっていうし」

この質問には2つのキーワードが出てきます．それは，「無駄」と「有意義」です．

この質問を寄せてくれた子は，「数学の授業を受けても，何も残った気がしない」と感じているんでしょうね．

「うん．期末テストが終わったら，公式なんて忘れちゃうし」

もし，すべての公式を忘れてしまったとしても，やはり数学は勉強しておいたほうがいいと思うんです．

「先生は，数学の先生だから，そんなこと言ってるんでしょ？」

実は，この質問は，中学生時代の私の日記に書いてあったんです．

「えっ，先生は数学が嫌いだったんですか？」

実は，すべての科目の中で数学が一番嫌いで一番苦手だったのです．まず，おっちょこちょいだったのですぐに計算間違いをします．算数のテストでは，計算間違いをすると，それで×がついてしまいます．そこでまずつまずいてしまいました．中学校に行くと，数学は怖い男の先生でした．生徒が間違えたりすると，黒板を指し棒でたたくんです．いつもよれよれの白衣を着て，気難しい顔をしている先生でした．「なぜ数学を学ぶのか」など，さっぱりわからない無味乾燥な授業でした．

中学高校の数学の授業にはいやな思い出ばかりの私ですが，やはり数学を勉強しておいてついた力はあるのだろう，と思うのです．たとえば，私は給料の範囲内で暮らせるように，今月の予算を立てることができます．新しい電化製品を買ったら，その説明書を読んで使い方を理解することができます．限られた時間の中でどうすればスケジュールをこなせるか考えることができます．首相の国会答弁を聞いて，「これは論理的に間違っている」「こんな政策をしたら，こういうところにひずみが出る」ということを考えることができます．

それは，社会や家庭科や国語に関係ありそうですが，どうも違う．やっぱり，論理的に考える力を数学が育ててくれたのだろう，と思うのです．そりゃ，もちろん，もう少し親切でわかりやすい授業だったらよかったですけれどもね．

数学の，他の科目にない特徴は，ゼロから自分の頭で考えられる，というところです．知識はなくても，考える力があればわかる．逆に，考える力がないと，知識だけでは解けません．それは確かにつらく苦しいこともありますが，それをどこかでやっておかないと，「自分で考える」やり方が身につかないと思うのです．そして，もし，どこかでどうしてもやっておかなければならないのなら，学校でやるのがよいのだろう，と思います．

そして，学校の数学の授業が，本当の意味での「自分で考える力」をつけるトレーニングになるような数学の授業であれば，言うことはないですね．

■岩波オンデマンドブックス■

岩波科学ライブラリー 128
こんどこそ！ わかる数学

2007年 2月6日 第1刷発行
2009年12月25日 第7刷発行
2016年 5月10日 オンデマンド版発行

著 者 新井紀子（あらいのりこ）

発行者 岡本 厚

発行所 株式会社 岩波書店
〒101-8002 東京都千代田区一ツ橋 2-5-5
電話案内 03-5210-4000
http://www.iwanami.co.jp/

印刷／製本・法令印刷

© Noriko Arai 2016
ISBN 978-4-00-730416-3 Printed in Japan